U0181005

格致方法·定量研究系列　吴晓刚　主编

非递归因果模型

[美] 威廉·D.贝里(William D.Berry) 著

洪岩璧　陈陈 译

SAGE Publications, Inc.

格 致 出 版 社　 上海人&出版社

出版说明

由吴晓刚（原香港科技大学教授，现任上海纽约大学教授）主编的"格致方法·定量研究系列"丛书，精选了世界著名的SAGE出版社定量社会科学研究丛书，翻译成中文，起初集结成八册，于2011年出版。这套丛书自出版以来，受到广大读者特别是年轻一代社会科学工作者的热烈欢迎。为了给广大读者提供更多的方便和选择，该丛书经过修订和校正，于2012年以单行本的形式再次出版发行，共37本。我们衷心感谢广大读者的支持和建议。

随着与SAGE出版社合作的进一步深化，我们又从丛书中精选了三十多个品种，译成中文，以飨读者。丛书新增品种涵盖了更多的定量研究方法。我们希望本丛书单行本的继续出版能为推动国内社会科学定量研究的教学和研究作出一点贡献。

总 序

2003 年，我赴港工作，在香港科技大学社会科学部教授研究生的两门核心定量方法课程。香港科技大学社会科学部自创建以来，非常重视社会科学研究方法论的训练。我开设的第一门课"社会科学里的统计学"（Statistics for Social Science）为所有研究型硕士生和博士生的必修课，而第二门课"社会科学中的定量分析"为博士生的必修课（事实上，大部分硕士生在修完第一门课后都会继续选修第二门课）。我在讲授这两门课的时候，根据社会科学研究生的数理基础比较薄弱的特点，尽量避免复杂的数学公式推导，而用具体的例子，结合语言和图形，帮助学生理解统计的基本概念和模型。课程的重点放在如何应用定量分析模型研究社会实际问题上，即社会研究者主要为定量统计方法的"消费者"而非"生产者"。作为"消费者"，学完这些课程后，我们一方面能够读懂、欣赏和评价别人在同行评议的刊物上发表的定量研究的文章；另一方面，也能在自己的研究中运用这些成熟的方法论技术。

上述两门课的内容，尽管在线性回归模型的内容上有少量重复，但各有侧重。"社会科学里的统计学"从介绍最基本的社会研究方法论和统计学原理开始，到多元线性回归模型结束，内容涵盖了描述性统计的基本方法、统计推论的原理、假设检验、列联表分析、方差和协方差分析、简单线性回归模型、多元线性回归模型，以及线性回归模型的假设和模型诊断。"社会科学中的定量分析"则介绍在经典线性回归模型的假设不成立的情况下的一些模型和方法，将重点放在因变量为定类数据的分析模型上，包括两分类的 logistic 回归模型、多分类 logistic 回归模型、定序 logistic 回归模型、条件 logistic 回归模型、多维列联表的对数线性和对数乘积模型、有关删节数据的模型、纵贯数据的分析模型，包括追踪研究和事件史的分析方法。这些模型在社会科学研究中有着更加广泛的应用。

修读过这些课程的香港科技大学的研究生，一直鼓励和支持我将两门课的讲稿结集出版，并帮助我将原来的英文课程讲稿译成了中文。但是，由于种种原因，这两本书拖了多年还没有完成。世界著名的出版社 SAGE 的"定量社会科学研究"丛书闻名遐迩，每本书都写得通俗易懂，与我的教学理念是相通的。当格致出版社向我提出从这套丛书中精选一批翻译，以飨中文读者时，我非常支持这个想法，因为这从某种程度上弥补了我的教科书未能出版的遗憾。

翻译是一件吃力不讨好的事。不但要有对中英文两种语言的精准把握能力，还要有对实质内容有较深的理解能力，而这套丛书涵盖的又恰恰是社会科学中技术性非常强的内容，只有语言能力是远远不能胜任的。在短短的一年时间里，我们组织了来自中国内地及香港、台湾地区的二十几位研究生参与了这项工程,他们当时大部分是香港科技大学的硕士和博士研究生,受过严格的社会科学统计方法的训练,也有来自美国等地对定量研究感兴趣的博士研究生。他们是香港科技大学社会科学部博士研究生蒋勤、李骏、盛智明、叶华、张卓妮、郑冰岛,硕士研究生贺光烨、李兰、林毓玲、肖东亮、辛济云、於嘉、余珊珊,应用社会经济研究中心研究员李俊秀;香港大学教育学院博士研究生洪岩璧;北京大学社会学系博士研究生李丁、赵亮员;中国人民大学人口学系讲师巫锡炜;中国台湾"中央"研究院社会学所助理研究员林宗弘;南京师范大学心理学系副教授陈陈;美国北卡罗来纳大学教堂山分校社会学系博士候选人姜念涛;美国加州大学洛杉矶分校社会学系博士研究生宋曦;哈佛大学社会学系博士研究生郭茂灿和周韵。

　　参与这项工作的许多译者目前都已经毕业,大多成为中国内地以及香港、台湾等地区高校和研究机构定量社会科学方法教学和研究的骨干。不少译者反映,翻译工作本身也是他们学习相关定量方法的有效途径。鉴于此,当格致出版社和 SAGE 出版社决定在"格致方法・定量研究系列"丛书中推出另外一批新品种时,香港科技大学社会科学部的研究生仍然是主要力量。特别值得一提的是,香港科技大学应用社会经济研究中心与上海大学社会学院自 2012 年夏季开始,在上海(夏季)和广州南沙(冬季)联合举办"应用社会科学研究方法研修班",至今已经成功举办三届。研修课程设计体现"化整为零、循序渐进、中文教学、学以致用"的方针,吸引了一大批有志于从事定量社会科学研究的博士生和青年学者。他们中的不少人也参与了翻译和校对的工作。他们在繁忙的学习和研究之余,历经近两年的时间,完成了三十多本新书的翻译任务,使得"格致方法·定量研究系列"丛书更加丰富和完善。他们是:东南大学社会学系副教授洪岩璧,香港科技大学社会科学部博士研究生贺光烨、李忠路、王佳、王彦蓉、许多多,硕士研究生范新光、缪佳、武玲蔚、臧晓露、曾东林,原硕士研究生李兰,密歇根大学社会学系博士研究生王骁,纽约大学社会学系博士研究生温芳琪,牛津大学社会学系研究生周穆之,上海大学社会学院博士研究生陈伟等。

　　陈伟、范新光、贺光烨、洪岩璧、李忠路、缪佳、王佳、武玲蔚、许多多、曾东林、周穆之,以及香港科技大学社会科学部硕士研究生陈佳莹,上海大学社会学院硕士研究生梁海祥还协助主编做了大量的审校工作。格致出版社编辑高璇不遗余力地推动本丛书的继续出版,并且在这个过程中表现出极大的耐心和高度的专业精神。对他们付出的劳动,我在此致以诚挚的谢意。当然,每本书因本身内容和译者的行文风格有所差异,校对未免挂一漏万,术语的标准译法方面还有很大的改进空间。我们欢迎广大读者提出建设性的批评和建议,以便再版时修订。

　　我们希望本丛书的持续出版,能为进一步提升国内社会科学定量教学和研究水平作出一点贡献。

吴晓刚

于香港九龙清水湾

目 录

序

　　随着社会科学理论的日益复杂化,我们亟需反映此种复杂性的统计模型来补充先前最为简单的模型。这一趋势适用于回归模型,因为在回归模型中,研究已经逐渐从单方程模型转向多方程模型。有时候,当因果效应被认为是单向的,并允许使用所谓的递归模型时,多方程模型也就相对简单。但大多数时候,单向因果作用的假设是不现实的,因此,研究者转向了非递归模型。

　　随着上述发展的出现,对于全面而且能深入浅出地介绍和讨论这些更复杂的技术的需求就显得尤为迫切。更重要的是,这类著作应当包含对下列过程的一种真正的理解:模型的使用、模型所依据的假设、模型结果的解释等。威廉·D. 贝里的《非递归因果模型》无疑正是这样的佳作。

　　贝里假定读者基本熟悉递归模型,比如已经读过早先出版的赫伯特·阿什(Herbert Asher)的《因果模型》(*Causal Modeling*)一书。为了唤起读者的记忆,同时搭建对本书内容理解的合适桥梁,贝里在第 1 章中简要回顾了递归模型的基本假设,然后才转入讨论非递归模型如何被应用于估计更为复杂的方程系统。

本书的其余部分大都聚焦于"辨识"问题。因为辨识方程系统是研究工作中最困难的部分，故而努力把这一过程表述清楚成为本书重要的组成部分。这本介绍性的著作还有一个优点：贝里在解释书中材料时，并不要求读者具备线性代数知识。

在最后一章中，贝里回顾了那些已经被确认可用于估计非递归模型参数的通用技术。纵观全书，作者应用了来自经济学、政治科学和社会学的一系列例子。

理查德·G. 尼米

第 **1** 章

导　论

社会科学经验研究中,最常用的策略是建立一个单方程模型,然后利用一个样本数据来估计方程中的系数。在这个单方程模型中,一个变量被定义为因变量,它被假定受一个或多个解释变量(自变量)的影响。比如,某人可以建立一个有关选举中投票行为的单方程模型,它认为个人在某次特定的选举中对互为对手的候选人的比较性评价是因变量,该因变量由两个解释变量:某人的政策或议题立场(X_1)和某人的政党认同感(X_2),再加上一个误差项决定。[1]

$$对候选人评价 = a + b_1 X_1 + b_2 X_2 + e \qquad [1.1]$$

接下来,如果我们从一个样本中获得了这三个变量的一组数据,而且愿意为进行这个模型所必要的回归分析作出一组特定假设(参见 Lewis-Beck, 1980),那么我们就可以用一般最小二乘法(OLS)回归分析来估计方程的系数 a、b_1 和 b_2。这个对于解释变量的系数估计值可以被解释为当其他解释变量的系数估计值为常量的情况下,该变量对因变量(候选人评价)的直接效应。比如,假定政党认同保持不变,那么 b_1 的估计值就代表了政策或议题立场对候选人评价的直接作用。

但是,很多社会科学的理论表明,变量之间的因果关系过于复杂,几乎不可能借助单方程模型来反映。[2]比如,假定某模型中的因变量受多个解释变量影响,模型背后的理论可能认为其中一些解释变量是另一些解释变量的原因。例如在投票行为中,我们可以修改单方程模型的方程1.1,认为个人的政策/议题立场变量很可能影响其政党认同。对这两个解释变量的预期也许基于这样一个信念:隶属于某一政党的人们对政党议题的看法和基本的意识形态立场受到其所认同的政党领导人和候选人的引导,至少部分如此。把这个修改加到先前的模型中去,就产生了图1.1所示的因果关系模型。[3]这一模型认为,政党认同和政策/议题立场是决定对候选人评价的两个因素,但同时政策/议题立场又直接影响个体的政党认同。就此而言,政策/议题立场不仅直接(如先前的模型方程1.1所示)而且间接(通过它对政党认同的作用)影响对候选人的评价。图1.1所示的关于候选人选择的理论无法仅仅用一个方程进行模型化,而是需要一个多方程模型。

图1.1 表示变量之间因果关系的"因果模式":以投票行为为例

的确,多方程(或者说因果)模型被频繁应用于社会科学研究中,并且硕果累累。很多社会科学家想必对多方程模型的一个子类,即常用的递归因果模型非常熟悉。在过去的20多年中,该模型被社会学家和政治科学家频繁使用(参见Land,1969;Duncan et al.,1971)。所谓递归,就是一个模型必须同时满足几个条件,以确保模型中界定的所有因果效应在本质上都是单向的,亦即模型中任何两个变量之间都不互为相关,一个变量不影响另一个变量。另外,模型中所有的误差项(或干扰项)都必须假定为互不相关。递归模型的一个优点是模型中的系数估计非常方便。所有的递归模型都是"可辨识的"。"可辨识"一词的确切含义我们要到下一章才会讨论。现在可以指出的是,为了能够确切估计多方程模型中的系数,从而为因果效应的本质提供有意义的信息,该模型首先必须是可辨识的。进一步而言,递归模型的假定允许我们使用一般最小二乘法回归分析获得模型系数的无偏估计值。[4]因此,受过回归分析训练的社会科学家可以轻松地进入递归模型分析。

但是,递归模型的前提假设往往与我们所研究的社会科学过程的本质相矛盾。在诸多情况下,假定模型中没有互为相关(互为因果)的两个变量是不现实的。而且,考虑到我们通常在很大程度上忽略了模型中干扰项所代表的因素,要为误差项互不相关这一假设提供令人信服的证明也常常是不可能的。鉴于这些情况,我们必须放弃递归模型,采用非递归多方程(或同步方程)模型。这类模型允许变量之间存在互为因果关系,而且假定一对或多对误差项之间存在非零相关。

非递归模型在经济学中已被广泛运用了几十年,是几乎所有计量经济学教科书的一个核心部分(如 Klein, 1962; Christ, 1966; Theil, 1971)。但政治科学家和社会学家却很少采用此类模型,除了一些例外,如政治科学家希布斯(Hibbs, 1973)、杰克逊(Jackson, 1975)和埃里克森(Erikson，1976)以及社会学家梅森和霍尔特(Mason & Halter，1968)、兰德(Land，1971)、韦特和施托尔岑贝格(Waite & Stolzenberg，1976)，他们的研究都采用了非递归模型。研究者较少使用非递归模型，是因为它的使用带来了递归模型不会产生的一些研究问题。比如，一些非递归模型是"不可辨识的"。我们将在下一章中正式定义这一概念。这里要说明的是，对于不可辨识的模型，即使有最好的数据，我们也不可能获得模型系数的有意义的估计值。

"可辨识"的意义以及导致一些非递归模型"不可辨识"的因素分析将是本书第2章的主题。幸运的是，存在一些可以检测模型是否"可辨识"的简便方法，我们将在第3章和第4章中介绍它们。在第5章中，我将讨论如何把不可辨识模型修改成可辨识模型的一些策略。在第6章中，我将介绍适用于可辨识的非递归模型的系数估计的步骤。虽然适用于递归因果模型的一般最小二乘法不适用于非递归模型，但幸运的是，我们可以对一般最小二乘法回归进行修改，使它能为非递归模型提供具有一致性的系数估计。[5]

对非递归同步方程模型更为详尽的讨论需要线性代数知识，因为检验某个模型是否可辨识的最好方法是秩条件，而这一方法传统上需要用线性代数来分析。然而，本书提供了一个不需要读者具备线性代数知识的运算法则来使用秩条件。虽然不要求线性代数知识，但本书要求读者具备一般最小二乘法回归分析的知识，并且大体上熟悉递归因果模型。[6]

第 1 节 | 概念定义和符号标记法

　　多方程模型的分析需要对一些重要概念进行定义，并发展一些表示这类模型的符号标记法。首先，我们必须区分多方程模型中用到的几种变量。内生变量是在模型中被清晰地表示出来的原因变量，因此它们是模型背后的理论所要解释的变量。相反，前定变量是那些没有在模型中被清晰地表示出来的原因变量。换言之，这些变量的值是由外在于模型的因素决定的，因此它们被认为是给定的，是模型背后的理论不试图解释的。[7] 前定变量可以进一步被区分为两类：第一类是滞后内生变量，它的值等于模型在前一时间点的内生变量的值；第二类是外生变量，它完全由模型以外的因素决定，且并不简单等于前一时间点的内生变量值。鉴于在大部分社会科学研究中，所有的前定变量都是外生的，因此，在大多数情况下，我将只简单区分内生变量和外生变量。但是，当我使用"外生变量"一词时，我都在更精确的意义上指代更广义的前定变量。[8]

　　我将用 X 来标记本书中的内生变量：用 X_1, X_2, $\cdots$, X_m 标记模型中的一组内生变量（因为是多方程模型，所以 $m \geqslant 2$）。另外，我将用 Z 标记外生变量，以 Z_{m+1}, Z_{m+2}, $\cdots$, Z_{m+k} 表示模型中的 k 个外生变量（$k \geqslant 1$）。运用这种标记法，每个内生变量直接受模型中所有其他变量影响的一个同步方程模型就是通常所说的饱和非递归模型，它可以被表示为 m 个结构方程组，每个方程表示一个内生变量 X_i 受模型中所有其他变量的直接因果作用[9]：

$$X_1 = \beta_{12}X_2 + \cdots + \beta_{1m}X_m + \gamma_{1,m+1}Z_{m+1} + \cdots + \gamma_{1,m+k}Z_{m+k} + \varepsilon_1$$

$$X_2 = \beta_{21}X_1 + \cdots + \beta_{2m}X_m + \gamma_{2,m+1}Z_{m+1} + \cdots + \gamma_{2,m+k}Z_{m+k} + \varepsilon_2$$

$$\vdots$$

$$X_m = \beta_{m1}X_1 + \beta_{m2}X_2 + \cdots + \beta_{m,m-1}X_{m-1} + \gamma_{m,m+1}Z_{m+1} + \cdots +$$
$$\gamma_{m,m+k}Z_{m+k} + \varepsilon_m \qquad [1.2]$$

在这些结构方程中，β_{ij} 标记的系数或参数表示内生变量 X_j 对内生变量 X_i 的直接作用，即当模型中所有其他变量保持为常量时，X_j 每增加一个单位，X_i 的变化量。γ_{ij} 则表示外生变量 Z_j 对内生变量 X_i 的直接作用，即当控制所有其他变量时，Z_j 每变化一个单位，X_i 的变化量。最后，结构方程中定义 X_i 的 ε_i 是误差项（或干扰项），表示没有被包括在模型中的所有其他变量对内生变量 X_i 的作用。

第 2 节 | 递归因果模型：简要回顾

通过对方程组 1.2 的饱和非递归模型的参数和误差项的性质进行一些非常严格的假设，我们就能从饱和非递归模型中发展出一个递归因果模型，如果这个模型满足"递归"所需的几个条件。

首先，这个模型必须是分层的。如果模型中所有的内生变量能够按照 X_1，X_2，…，X_m 排列和标记，且对于任何的 X_i 和 X_j，当 $i < j$ 时，X_j 都不能被视为 X_i 的原因，那么这个模型就是分层的。故而 β_{ij} 必须等于 0。因此，模型中的内生变量必须具有一定的次序，第一个内生变量仅由外生变量决定，第二个内生变量仅由外生变量和第一个内生变量决定，第三个内生变量仅由外生变量和第一、第二个内生变量决定，以此类推。这样，在递归模型中，没有任何两个内生变量是互为相关、彼此直接互为因果的。其次，也不允许存在任何间接的因果联系，从而确保在因果顺序上，任何内生变量都不能影响次序上在它之前的内生变量。最后，除了模型要成为分层模型外，所有的递归模型都必须假定每个误差项与所有的外生变量、模型中所有其他误差项都不相关。用数学形式表述就是，对于 1 和 m 之间的所有 i 和 j 的值，$\mathrm{cov}(\varepsilon_i, \varepsilon_j)$ 必须为 0；对于 1 和 m 之间的所

有 i 值以及 $m+1$ 和 $m+k$ 之间的所有的 j 值，$\mathrm{cov}(\varepsilon_i, Z_j)$ 必须为 0。

　　一个递归模型的所有前提假设放在一起就是：当内生变量按分层次序被标记为 $X_1, X_2, \cdots, X_m$ 时，对于所有的 $i < j$，$\mathrm{cov}(X_i, \varepsilon_j) = 0$（Namboodiri et al.，1975：444—448；Duncan，1975：第 4 章）。因此，一个特定方程的误差项，例如 ε_j 必须与内生变量 $X_1, X_2, \cdots, X_{j-1}$ 不相关。但既然模型中每个误差项与模型的所有外生变量不相关（先前的假设），ε_j 就会与模型中所有包含 ε_j 的解释变量不相关。正是递归模型的这一特性，使研究者可以运用一般最小二乘法回归分析来估计递归模型的系数，并获得无偏且一致的估计值。[10]因此，由于递归模型具有参数估计便利的优点，所以我们可以用处理单方程回归模型的方法来处理递归模型。但在多数情况下，递归模型的这些假定是不现实的。以图 1.1 所示的投票行为模型为例，该递归模型的方程表达式如下：

$$X_1 = \gamma_{13} Z_3 + \varepsilon_1 \qquad [1.3]$$

$$X_2 = \beta_{21} X_1 + \gamma_{23} Z_3 + \varepsilon_2 \qquad [1.4]$$

其中，Z_3 代表个人的政策/议题立场，是模型中唯一的外生变量；两个内生变量分别是个人政党认同（X_1）和对候选人的评价（X_2）。我们的模型满足递归模型必须分层的要求，两个内生变量依次排列为“X_1, X_2”，其中 X_1（政党认同）仅由外生变量 Z_3 决定，而 X_2（候选人评价）仅受 Z_3 和 X_1 的影响。因为模型是递归的，所以我们必须假定 $\mathrm{cov}(\varepsilon_1, \varepsilon_2) = 0$，而且这两个误差项与外生变量 Z_3 不相关。[11]这一递归模型可以用

图 1.2 的因果图示来表示。

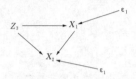

注:假定 $cov(\varepsilon_1, \varepsilon_2) = cov(\varepsilon_1, Z_3) = cov(\varepsilon_2, Z_3) = 0$。$X_1$ 为政党认同，X_2 为候选人评价，Z_3 为政策/议题立场。

图 1.2 方程 1.3 和方程 1.4 所示模型的因果图示

然而，很多人会质疑递归模型所需的这些假定在这里并不能得到证明。首先，模型的分层特性就存在疑问。举例来说，在选举中，个人的政党认同可能会影响其对候选人的评价；对候选人的评价也会修正个人对候选人所代表的政党的态度，从而影响其政党认同。我们同样也可以质疑模型的另一个假定，即对候选人的评价和政党认同都不影响政策/议题立场。在议题立场的形成上，人们可能从他们所支持的政治领导人和政党中获取线索。如果确实如此，那么我们就必须允许候选人评价和政党认同对政策/议题立场产生直接作用。如果遵从上述假设，我们的投票行为模型就不再是分层的了。事实上，将这些新增的因果效应的假设考虑进这个递归模型后，政策/议题立场将变成内生变量，模型中每一个内生变量都将被看做所有其他内生变量的原因，如图 1.3 所示。

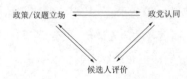

图 1.3 表示变量间互为因果关系的箭头因果图式:以投票行为为例

我们还可以质疑,递归模型所要求的关于误差项的假定对于图 1.2 中的模型是否合理。我之前已经提到,一个误差项可被看做代表了未被纳入模型的变量的效应。基于这一构想,我们来看 ϵ_1 和 ϵ_2 互不相关的假定。如果这一假定成立,那么我们就必须相信那些影响个人政党认同但未被纳入模型的因素与那些影响候选人评价,但也同样未被纳入模型的变量互不相关。同样,为了接受误差项与外生变量 Z_3 互不相关的假定,我们必须相信误差项所代表的"被忽略的因素"与个人政策/议题立场互不相关。

佩奇和琼斯(Page & Jones, 1979)提出了图 1.2 所示的包含三个变量的递归模型,用以分析总统选举中的投票行为。但佩奇和琼斯的模型包含一个假定既影响个人(当前)的政治认同,又影响其候选人评价的变量——个人的"政党投票史",即在先前的总统选举中,个人支持某个政党的一致性程度。如果佩奇和琼斯是正确的,那么政党投票史就是反映在图 1.2 所示的模型中的 X_1(政党认同)和 X_2(候选人评价)的误差项中的一个因素。这样,我们可以预期 ϵ_1 和 ϵ_2 是相关的,因而导致了递归模型的前提假设不合理。佩奇和琼斯还提出,教育和意识形态(在左派—右派的连续谱上衡量)这两个变量对政党认同和政策/议题立场都有直接作用。如果确实如此,那么递归模型关于方程 1.3 中的误差项 ϵ_1 与外生变量 Z_3(政策/议题立场)不相关的假定就不成立了。

具有理论重要性变量的缺失可能导致模型中误差项彼此相关,而且存在测量误差也会导致误差项之间的相关。除非模型中变量的测量极其完善,否则测量误差将始终是误差项的组成部分。我们一般用相似的测量工具来测量模型中的几个内生变量,那么测量工具本身带来的系统误差就会以相似的方式存在于每个变量中,这样,误差项之间的相关就不可避免。以图1.2的投票模型为例,如果该模型中的变量采用来自同一调查的数据,那么下述几个方面可能导致方程中误差项之间的互为相关:(1)用来测量模型中几个变量的问题,在表述上具有相似性;(2)访谈人的特性;(3)在对问题答案的编码过程中产生的相似错误;(4)其他来自调查的特点。

对于图1.2所示的投票行为递归模型,如果我们接受上述任何这些针对其前提假设的挑战,并因此放宽了模型的假设条件,使其更贴近现实,那么该模型将不再是递归的。在这种情况下,该模型也不能被辨识,模型参数的有意义的估计值也就无法获得。

总而言之,我们有足够的理由怀疑递归模型所需的严格假设是否合适。因此,我们不应当轻易地,或者仅仅为了便利的目的而使用递归模型,除非我们确信以下两点:(1)变量之间的因果关系的确是单向的;(2)模型中构成误差项的因素对每一个方程而言都不相同。相反,我们应当转而努力开发更贴近现实的非递归模型。当递归模型所需的假设被违背而我们仍然使用递归模型,并用一般最小二乘法去估计模型的系数时,就会得到有偏差且不一致的估计值,从而影响对因果作用大小评估的准确性。

第 3 节 │ 非递归模型的前提假设

在方程组 1.2 中,我们已经看到了包含 m 个内生变量和 k 个外生变量的饱和非递归模型。在饱和非递归模型中,每个内生变量都被假定受到模型中所有其他内生变量和外生变量的直接影响。我们可以建立一个关于投票选择的饱和非递归模型,包含图 1.3 所示的因果关系,然后加入教育水平这一外生变量对模型中内生变量的作用。为谨慎起见,我们假定教育(Z_4)对模型中所有三个内生变量都具有直接作用。这样就产生了如图 1.4 的箭头图所描述的模型(在这里,虚线箭头与实线箭头并无区别),它可用下列方程表示:

$$X_1 = \beta_{12} X_2 + \beta_{13} X_3 + \gamma_{14} Z_4 + \varepsilon_1 \qquad [1.5]$$

$$X_2 = \beta_{21} X_1 + \beta_{23} X_3 + \gamma_{24} Z_4 + \varepsilon_2 \qquad [1.6]$$

$$X_3 = \beta_{31} X_1 + \beta_{32} X_2 + \gamma_{34} Z_4 + \varepsilon_3 \qquad [1.7]$$

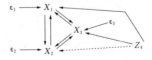

注:假定 $\mathrm{cov}(\varepsilon_1, Z_4) = \mathrm{cov}(\varepsilon_2, Z_4) = \mathrm{cov}(\varepsilon_3, Z_4) = 0$。$X_1$ 为政党认同,X_2 为候选人评价,X_3 为政策/议题立场,Z_4 为教育。

图 1.4 方程 1.5、方程 1.6 和方程 1.7 所示的完全非递归模型的因果图示

但要有效应用于经验研究的非递归模型就不能是饱和的，因为饱和的非递归模型(正如下面我们要看到的)是不可辨识的。因此，我们通常假定非递归模型中的某些参数等于0，也就是说，模型中的某些变量被假定为对一个或多个内生变量没有直接的因果作用。

举例来说，佩奇和琼斯(Page & Jones，1976)假定，教育对候选人评价没有直接作用，而且教育对候选人评价的所有影响都是间接通过教育对政策/议题立场和政党认同的影响来实现的。如果我们接受这一个假定，我们就可以建立一个新的非饱和模型，其中 $\gamma_{24} = 0$。只要把图 1.4 中的虚线箭头删除，该箭头图就可用来表示我们现在所讨论的模型。它的方程组形式是保留方程 1.5 和方程 1.7，但以下面的方程替代方程 1.6：

$$X_2 = \beta_{21}X_1 + \beta_{23}X_3 + \varepsilon_2 \qquad [1.8]$$

细心的读者也许会发现，我们至今尚未对方程组 1.2 所表示的模型或刚刚讨论的关于投票选择的非递归模型中的误差项作出任何假设。因此，我们有必要提出一些清晰的假设。这些假设的特性将极大地影响一个模型是否可辨识。在本书中(除了附录 2)，我们将把对非递归模型的讨论限定在下述典型的假设中：(1)对于所有的 i 和 j 来说，$\mathrm{cov}(\varepsilon_i, Z_j) = 0$(即模型中的每一个误差项与所有的外生变量都不相关)；(2)对于所有的 i，$E(X_i) = E(Z_j) = E(\varepsilon_i) = 0$(即所有变量和误差项的均值都为 0)。假设(2)的设定是为了表述的方便。设定变量的测量尺度的原点只是一种惯例，便于我们消除模型方程中的常数项。

一方面，假设(1)对于一个非递归模型是否可辨识具有重要作用。尽管该假设在很多情况下是合理的,但如果研究者在某个特定模型中不作出这一假设,那么本书所讨论的模型可辨识性的检验方法将无用武之地。另一方面,在某些情况下,研究者也许会作出比假设(1)更强的有关误差项的假定。例如,除了假定每个误差项与模型中所有外生变量不相关之外,研究者还可以假定某些误差项之间互不相关。在这种情况下,本书讨论的模型可辨识与否的检验方法依然不适用(除非进行适当修改)。有一种称为"组群递归模型"的非递归模型,它仅假定某些误差项之间互不相关。有关讨论请参阅附录2。

但是我们要切记,在非递归模型中假定每个误差项与所有内生变量都不相关是没有意义的,因为这类模型中至少会有一个误差项与一个或多个内生变量相关。以图1.4模型中的方程1.5、方程1.6和方程1.7为例,假定 ε_3 与 X_2 不相关是无意义的,因为既然 ε_3 对 X_3 有直接因果作用,ε_3 也必然直接作用于 X_2。这样一来,ε_3 就通过 X_3 成为了 X_2 的间接原因,$\text{cov}(\varepsilon_3, X_2)$ 也就不可能等于0。

第 2 章

可辨识性问题

在前面我们提到，所有递归模型都是可辨识的，因此也满足了获得有意义的参数估计值的一个关键的必要条件。如果所有递归模型都是可辨识的，那么是什么原因导致某些非递归模型不可辨识呢？凭直觉，似乎只要有优质且大样本的数据，我们就可以确定模型的参数。但看看最简化的非递归模型我们就会知道，这种直觉是错误的。请看下面的模型及其方程：

$$X_1 \rightleftharpoons X_2$$
$$\uparrow \qquad \uparrow$$
$$\varepsilon_1 \qquad \varepsilon_2$$

$$X_1 = \beta_{12} X_2 + \varepsilon_1 \qquad [2.1]$$

$$X_2 = \beta_{21} X_1 + \varepsilon_2 \qquad [2.2]$$

这个模型是不可辨识的。这里的不可辨识本质上就是大家都熟知的无法仅借助对一个时间点上 X_1 和 X_2 之间关系（例如，相关）的了解来推导 X_1 和 X_2 之间的因果关系的方向。若允许变量之间互为因果关系，我们就不能简单地用一个参数来表示 X_1 和 X_2 之间关系的强度。我们必须找出这个关系中的哪一部分是沿着其中一个因果方向发挥作用，而另一部分是沿着另一个因果方向发挥作用的。在更复杂的非递归模型中,也会发生类似的问题。具体来说,在变量相同的情况下,非递归模型经常包含比递归模型更多的需要估计的参数。另外,与处理递归模型相比,研究者在处理非递归模型时,往往面对更少的信息,因为他们没有假定所有的误差项之间互不相关。

第 1 节 ┃ 一个供给与需求的例子

为了理解可辨识性的意义,我们先来看一个涉及经济学中供给与需求概念的解说性模型。介绍辨识性概念时,最常用的例子是关于确定供给曲线和需求曲线参数所需条件的讨论。

首先考虑某些农产品的需求曲线,比如小麦。需求曲线显示了消费者在任何给定价位所愿意购买的小麦总量。我们假定消费者的行为在整个研究期间充分相似,以满足需求曲线不随时间发生变化的假设。为了简化分析,我们还假定需求曲线是线性的,可以用下列方程来表示:

$$D_t = a_D + b_D P_t \qquad [2.3]$$

其中,D_t 表示消费者在时间 t 愿意购买的小麦数量,P_t 表示在同一时期单位小麦的价格,a_D 和 b_D(分别是截距和斜率)则被假定为不随时间变化的常数。我们假设消费者愿意购买的小麦数量与价格成反比(这样假设具有典型性),从而缩小斜率的取值区间,使 $b_D < 0$。基于这个假设我们可知,这一典型的需求曲线会如图 2.1 所示的那样下滑。如果能获得 D_t(消费者愿意购买的小麦数量)在两个不同价格(图 2.1 中的 P_1 和 P_2)上的值,我们就能知道需求曲线上两个点(点 1

和点 2) 的位置。既然两点确定一条直线，我们就能知道这条直线在图 2.1 中的位置，从而知道需求曲线的参数 a_D 和 b_D 的值。

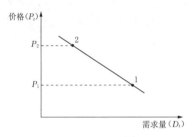

图 2.1　方程 2.3 所示的需求曲线

当然，我们还必须把供给曲线引入小麦市场模型中。供给曲线显示了小麦生产者在任意给定价位所愿意出售的小麦总量。与需求曲线一样，我们也假定供给曲线是线性的，且在研究期间具有稳定性。因此，它可以用下列方程来表示：

$$S_t = a_S + b_S P_t \qquad [2.4]$$

S_t 代表生产者在时间 t 愿意出售的小麦数量，a_S 和 b_S 则假定为不随时间变化的常数。我们可以合理地假定价格和生产者愿意出售的小麦数量成正比，因此我们可以限定斜率值 b_S 大于 0。与需求曲线的情况类似，如果能获得生产者在两个或多个价格上愿意出售的小麦数量，我们就能确定供给曲线上至少两个点的位置，从而确定供给曲线的参数 a_S 和 b_S 的值。

然而，在现实世界中，我们既无法获得消费者在多个价格上愿意购买的小麦数量，也无法获得生产者在多个价格上愿意出售的小麦数量。我们只能得到在某一个价格上的购买量和出售量，也就是说，农户愿意出售的小麦数量的价格等于消费者愿意购买的小麦数量的价格，即 $S_t = D_t$ 时的价格。既然在这个价格上 S_t 确实等于 D_t，我们就可以规定 $S_t = D_t = Q_t$，其中 Q_t 代表在时间 t 上小麦的出售量。因此，我们就可以把需求和供给曲线的方程 2.3 和方程 2.4 改成如下形式：

$$Q_t = a_D + b_D P_t \qquad\qquad [2.5]$$

$$Q_t = a_S + b_S P_t \qquad\qquad [2.6]$$

因此，在现实世界中，我们所能获得的是以实际价格 p_0 出售的小麦的数量 q_0。这使我们能在图 2.2 中确定点 1 的位置，但没有足够的信息来确定供给或需求曲线上任何其他点的位置。我们仅仅知道需求曲线和供给曲线都经过点 1，除了 $b_D < 0$ 和 $b_S > 0$ 之外，我们对需求或供给曲线的参数特性一无所知。比如，我们的观察符合下述两种假设：(1)供给曲线是 S'，需求曲线是 D'；(2)供给曲线是 S''，需求曲线是 D''。但这样导致的结果是，我们无法揭示需求和供给曲线的位置，也就无法确定方程 2.5 和方程 2.6 的参数。在这种情况下，我们只能说方程 2.5 和方程 2.6 是不可辨识的，因为我们的观察与多组模型的参数值一致。[12]

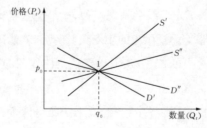

图 2.2　方程 2.5 和方程 2.6 所示的需求和供给曲线

　　假设我们认为小麦的供给曲线会随时间而波动,而需求曲线(如以前那样)保持稳定。举例来说,我们可以认为,某一时期的降雨量是影响供给曲线而非需求曲线的外生变量。对于任一给定的价格,随着降雨量的增加,我们预期农作物也将增产,从而导致单位小麦生产成本的降低。随着小麦种植成本的下降,农民会相应增加在某一给定价格上的小麦供给量。相反,我们可以合理地假定某段时间内的降雨量并不会直接影响小麦消费者在给定价格上的购买量。

　　降雨量和生产者所愿意出售的小麦数量之间的关系可以用下述修正后的供给方程表示:

$$Q_t = a_S + b_S P_t + b_R R_t \qquad [2.7]$$

R_t 表示时间段 t 内的降雨量,参数 b_R 被假定大于 0。由于供给方程现在包含了三个变量,所以它就无法用一个二维的图来表示,它是在三维空间中的一个供给平面。图 2.3 通过呈现几个不同降雨量值(r_1、r_2、r_3 和 r_4)的水平曲线,描述了这一供给平面(标记为 S)。供给平面上的每一条水平曲线都可被视为一条与特定降雨量相关的供给曲线,描述价格与生产者所愿意出售的小麦数量之间的关系。图 2.3 表明,随着降雨量从 r_1、r_2、r_3 向 r_4 逐渐增长,供给平面上的水平曲线不断向右下方移动(这里要注意的是,图 2.3 中不断变动的供给水平曲线的斜率是人为选择的,因为当水平曲线的斜率不受降雨量影响而保持不变时,它的斜率是未知的)。但是,当供给水平曲线因降雨量而发生变化时,需求曲线 D 仍处于固定位置。结果,固定的需求曲线和变动的供给水平曲线的交点形成了一条直线。因为这条直线上所有的点都在需求曲线上,所以由这些交点形成的这条直线就是需求曲线。因此,如果我们能在至少两个不同的降雨量期间观察到小麦的价格以及在这个价格上的小麦出售量,那么需求曲线 D 上至少有两个点可以被确定。这样,我们就能确定需求曲线的斜率和截距,即方程 2.5 中的参数 a_D 和 b_D。所以,通过把降雨量这个外生变量引入模型,需求曲线(方程 2.5)成为可辨识的,因为借助小麦的价格和不同时期的小麦出售量可以求出方程中的参数。

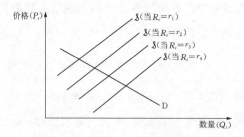

注:$r_1 < r_2 < r_3 < r_4$。

图 2.3   方程 2.3 所示的需求曲线 D

和方程 2.7 所示的供给平面 $\mathcal{S}$ 的层次曲线

但在不同的时间点上(不同的降雨量水平),小麦的价格和出售量并不能帮助我们确定供给平面的有关参数。比如,平面上水平曲线的斜率依然是未知的,因为我们观察到的价格和售出量随时间变化的模式与方程 2.7 中的 b_S 所取的任何正值都相符。因此,我们说方程 2.7 是不可辨识的。

如果我们对市场模型进行如下扩展,即假定人均可支配收入是一个影响消费者愿意购买小麦数量的外生变量,但不影响生产者愿意供给的小麦数量,我们就可以把需求方程修改成如下形式:

$$D_t = a_D + b_D P_t + b_I I_t \qquad [2.8]$$

I_t 表示在时间 t 上的人均可支配收入,参数 b_I 被假定为正值。对这一方程的分析类似于上述分析,在模型的需求方程中引入 I_t 能够确定供给平面。随时间变动的需求平面上的水平曲线取决于可支配收入的水平,从而勾画出供给平面上的点。因此,如果我们能观察到两个或更多收入水平时的小麦价格和售出量,我们就有足够的信息来确定供给平面的相关参数。

这个例子说明,通过作出更强的假设(这些假设是关于消费者愿意购买的小麦数量 D_t 与生产者愿意出售的小麦数量 S_t 的影响因素的),有助于我们求出小麦市场模型的方程。在其原初形式(方程 2.3 和方程 2.4)中,对于小麦价格和出售量之间关系的观测数量,并不能向我们提供充分的信息来确定模型方程中的参数。虽然增加观测数量是无用的,但增加有关 D_t 和 S_t 影响因素的假设却使我们成功地求出了方程。我们看到,在模型中引入外生变量 I_t(收入水平)和 R_t(降雨量)并作出下述两个限定,是供给和需求方程具有可辨识性的关键因素:(1)收入直接影响消费者愿意购买小麦数量的同时,并不直接影响生产者愿意出售的小麦数量;(2)降雨量直接影响生产者愿意出售的小麦数量的同时,并不直接影响消费者愿意购买的小麦数量。确实,假定某个特定的外生变量只影响模型中的某些而非全部的内生变量,是在社会科学研究中为了获得模型的可辨识性而经常使用的一种方法。

第 2 节 | 可辨识性与不可辨识性

    一个理想的多方程模型应该是在观察足够充分的情况下,只有一组参数能够同时符合观测数据和模型的限定要求。但在最初的小麦市场模型(方程 2.3 和方程 2.4)中,我们遇到的问题是,小麦价格和出售量这两个变量的观测信息并不足以用来确定模型的参数。简言之,这正是模型的不可辨识问题。在这种情况下,即使拥有最完备的经验数据,我们的观测数据依然与一组以上的参数相符。当然,模型的一组参数可被看做是对模型所描述过程的一种解释,我们的观测可能与多种解释相符。因此,当面对一个不可辨识的模型时,对于变量之间经验关系的进一步观测并不能解决这一问题。为了辨识一个不可辨识的模型,我们必须对模型中的变量进行更进一步的先验假设,通过对其形成足够的限制,使只有一个解释(即一组参数)能同时符合先验的假设限定和变量之间的经验关系。

    迄今为止,当讨论"可辨识性"的意义时,我们采用了这样的陈述:"如果充分或完备的观测数据能决定方程的唯一参数,那么该方程就是可辨识的。"为了更加精确地定义"可辨识性"这一概念,我们需要澄清"充足或完备"的观测的含义。首先,我们要明白,缺乏辨识性不是一个统计推论问题。

一个模型永远不会因为缺乏足够的样本而不能被辨识,也不会因为与抽样有关的问题而不可辨识。因此,在定义可辨识性时,假定我们有完备的观测是有用的,即拥有在模型外生变量所有取值上的内生变量的条件分布的完备信息。如果这一条件概率分布能唯一地决定方程的参数,那么我们才能说该多方程模型是可辨识的。

克赖斯特(Christ,1966:第 8 章)把能够产生针对外生变量的内生变量完备条件分布的数据称做一个"恰当选择的无限大样本"。这个假设中的无限样本是指一个包含外生变量每一种可能的取值组合的样本,并且该样本能够为每个取值组合提供无限多个观测数据。利用这一概念,我们可以从另一个角度来定义可辨识性。对于一个恰当选择的无限大样本而言,如果所获得的数据足以唯一地决定某方程的一组参数,那么该方程就是可辨识的。而如果该方程是可辨识的,就只能有一个解释(即一组参数)同时符合来自无限大样本的数据和模型的假设限定。显然,无限大样本数据是不可能在有限次数的观测中获得的,因此,"无限大样本"这一概念完全是假设出来的。但利用这一概念,我们却能澄清某方程是否可辨识,这与由从一个有限样本到另一个有限样本的数据变异而引起的任何统计推论问题完全无关。相反,如果一个针对外生变量的内生变量的条件概率分布不能唯一地决定一组参数值,也就是说,存在多组参数值契合概率分布,我们就说该方程是不可辨识的。换言之,如果一个选择恰当的无限大样本的数据存在一组以上与之相契合的参数值,那么该方程就是不可辨识的。显而易见,如果一个无限大样本的数据不足以提供充分的信息来决定方程的参数,那么尝试用现实中的有限样本来估计方程的参数必然是徒劳的。所以，只要模型中的某个方程是不可辨识的，就不可能获得有意义的方程参数估计值。

因此，面对一个包含不可辨识方程的非递归模型，在进行参数估计之前，有必要先修改模型以使方程变成可辨识的。要使一个不可辨识的方程变得可辨识，必须设定先验假设，以进一步限定模型中的方程。这种限定形式是多样的。其中一种形式是假设模型中的一对参数相等或具有已知的比例关系。另外，对模型误差项分布的多种限定方法，有时候也足以把不可辨识方程改造成可辨识的方程。[13] 然而在实际运用中，辨识非递归模型中的方程最常用的先验假设是所谓的零限定。它假定模型中某些参数为 0，也就是说，模型中的某些变量对另一些变量没有直接的因果作用。在各种各样的"辨识限定"中，本书（除附录 2 外）将严格局限于零限定的讨论，因为这是社会科学研究中唯一通用的方法。

在此小结一下我们所用的术语，我们说一个多方程模型是可辨识的，仅当其中的每一个方程都是可辨识的；说一个多方程模型是不可辨识的，当其中的任何某个方程是不可辨识的。总而言之，不可辨识不是测量或数据质量的问题。即使拥有最好的数据，比如对于一个大样本（甚至是无限大）而言有效且可信的测量指标，不可辨识性仍然无法被克服。因此，不可辨识性不是一个统计问题，而是一个模型设定问题，在逻辑上先于通过样本数据所进行的参数估计。可辨识性其实是一个假设性问题，如果选择恰当的无限大样本的数据可获得（当然这在现实中是不可能的），那么一组唯一的参数能否确定？确实，不可辨识并不意味着参数估计不可行。某人可以为一个不可辨识的方程收集一组样本数据,然后使用一种统计技术——比如一般最小二乘法回归分析——获得参数估计,但问题是,不可辨识性使任何参数估计都毫无意义。

第 3 节 ▏适度可辨识性和 过度可辨识性

　　如果一个方程是不可辨识的,我们就必须给模型添加更进一步的限定,使其在获得恰当选择的无限大样本数据的情况下能唯一地确定一组参数。这样,方程就变得可辨识了。在这些可辨识的方程中,我们还要区分适度辨识的方程和过度辨识的方程。如果添加在模型上的限定恰好可使方程被辨识,该方程就是适度辨识的,即在这些限定条件下,方程可被辨识,但在这些限定的任何子集中,方程都不可辨识。相反,如果模型的限定超过恰好使方程可被辨识的一组限定,我们就说该方程过度辨识。[14]

　　其实,如果真能获得一组来自一个选择恰当的无限大样本的数据,就没必要区分过度辨识和适度辨识的方程。因为对于这两类方程中的任何一类,无限大样本的数据都能确定一组唯一的参数。但在现实中,我们只能利用有限的样本来估计参数,因此过度辨识和适度辨识方程的区分依然很重要。对于来自一个有限样本数据的适度辨识方程,我们可以运用一定的方法来确定一组唯一的参数估计。但对于一个过度辨识方程,不可能获得一组参数估计既与一个有限样本数据相契合,又满足模型所有的先验假设限定。如果我们放弃一个或多个模型限定，一个过度辨识方程就能转变为适度辨识方程，从而产生一组唯一的参数估计 S_1。但如果我们放弃了另一组模型限定，使方程适度被辨识，那么就会产生一组不同的唯一参数估计 S_2。可见，对于一个过度辨识方程，放宽不同的模型假设会产生不同的参数估计。对这样的方程进行参数估计时，就会产生这样一个统计问题：需要弄清楚因为放宽不同的模型限定而产生的多组参数估计之间的差异，从而获得一组合理的参数估计。

第 4 节 | 为什么某些非递归模型无法被辨识？

我们看到，当一个方程不可辨识时，从一个恰当选择的无限大样本获得的信息不足以确定一组唯一的参数估计。为了更深入细致地了解为什么这样的数据对于某些非递归模型来说不够充分，我们将以几个解说性模型为例，从简化式视角和线性组合视角两方面来进行分析。这两种分析视角有助于我们了解使非递归模型中的方程变得可辨识的必要条件，也有助于提出一种用于检测模型可辨识性的策略，这一策略将被整合到第 3 章所要讨论的检测程序之中。

简化式视角

为了解说方便起见，我们首先以投票行为的分层非递归模型为例，该模型基于图 1.2、方程 1.3 和方程 1.4 所表述的因果关系，其方程形式如下：

$$X_1 = \gamma_{13} Z_3 + \varepsilon_1 \qquad [2.9]$$

$$X_2 = \beta_{21} X_1 + \gamma_{23} Z_3 + \varepsilon_2 \qquad [2.10]$$

因为上述方程与方程 1.3 和方程 1.4 一样，所以该模型本质上依然是分层模型。但我们将放宽误差项互不相关这一不现实的假设，而代之以另一个在第 1 章提及的非递归模型中更为典型的误差项假设：（1）误差项与所有外生变量不相关，即 $\mathrm{cov}(\varepsilon_1, Z_3) = \mathrm{cov}(\varepsilon_2, Z_3) = 0$；（2）为便利起见，假定 $\mathrm{E}(\varepsilon_1) = \mathrm{E}(\varepsilon_2) = \mathrm{E}(X_1) = \mathrm{E}(Z_3) = 0$。

　　要确定某个非递归模型中的方程是否可辨识，一种方法是检验与模型的结构方程相对应的简化式方程。在结构方程形式中，每个内生变量被表述为对其有直接因果作用的变量（外生变量和内生变量）加上一个误差项的函数，如方程 2.9 和方程 2.10。如果我们改写模型的结构方程，将每个内生变量表述为仅仅是外生变量和一个误差项的函数，这样，每个方程仅在等号左边存在内生变量，这就是方程的简化式。要把结构方程转变为简化式，需要把等号右边的内生变量替换成其在结构方程中的表达式。比如，要把定义 X_2 的方程 2.10 转换成简化式，就需要用 $\gamma_{13}Z_3 + \varepsilon_1$ 来替换等号右边的 X_1，得到方程：

$$X_2 = \beta_{21}(\gamma_{13}Z_3 + \varepsilon_1) + \gamma_{23}Z_3 + \varepsilon_2 \qquad [2.11]$$

把方程式右边的各项乘出来：

$$X_2 = \beta_{21}\gamma_{13}Z_3 + \beta_{21}\varepsilon_1 + \gamma_{23}Z_3 + \varepsilon_2 \qquad [2.12]$$

最后，再合并同类项就得到了简化式方程：

$$X_2 = (\gamma_{23} + \beta_{21}\gamma_{13})Z_3 + (\beta_{21}\varepsilon_1 + \varepsilon_2) \qquad [2.13]$$

再看方程 2.9，由于等号右边没有内生变量，所以已经是简化式了。因此，方程 2.9 和方程 2.13 就构成了模型的简化式方程组。最后，如果我们为方程组中的参数重新进行命名，如下：

$$\pi_{13} = \gamma_{13} \qquad\qquad [2.14]$$

$$U = \varepsilon_1 \qquad\qquad [2.15]$$

$$\pi_{23} = \gamma_{23} + \beta_{21}\gamma_{13} \qquad\qquad [2.16]$$

$$V = \beta_{21}\varepsilon_1 + \varepsilon_2 \qquad\qquad [2.17]$$

那么，简化式方程就可被表述为：

$$X_1 = \pi_{13}Z_3 + U \qquad\qquad [2.18]$$

$$X_2 = \pi_{23}Z_3 + V \qquad\qquad [2.19]$$

其中，U 和 V 都与 Z_3 不相关。[15]

  虽然简化式和结构方程都是同一个模型的表达式，但它们之间存在区别。简化式方程的参数仅仅告诉我们外生变量每变化一个单位所引起的内生变量的变化量。相反，结构方程反映的是模型所表示的过程的内在因果联系，从而告诉我们为什么外生变量每变化一个单位，内生变量就会产生一定量的变化。另外，在可辨识性上，两类形式的方程也存在差异。一个非递归模型的简化式方程必然是可辨识的，因为方程式右边的解释变量与模型中的误差项都不相关。

  非递归模型简化式方程的这种可辨识的必然性有什么意义？我们来看方程 2.9 和方程 2.10 所代表的模型（其简化式是方程 2.18 和方程 2.19）。由于两个简化式的方程都是可辨识的，如果我们能获得一个来自恰当选择的无限大样本的数据，那么 π_{13} 和 π_{23} 的唯一取值就能被确定。但我们的最终目标是确定结构方程中的参数值 γ_{13}、γ_{23} 和 β_{21}。为此，一个可行的策略是用方程 2.14 到方程 2.17 来替代简化式参数

π_{13} 和 π_{23}，然后求解出结构方程参数。倘若我们成功了，也因此获得了一个特定结构方程每个参数的唯一解，那么就说明这个方程是可辨识的。例如，有关简化式参数 π_{13} 和 π_{23} 的信息就足以求出结构方程 2.9 中的参数 γ_{13}，因为通过求解方程 2.14 到方程 2.17，我们得到 γ_{13} 等于 π_{13}。因此，方程 2.9 是可辨识的。但另一方面，通过求解方程 2.14 到方程 2.17，我们并不能得到 γ_{23} 和 β_{21} 的唯一解，因为这两个参数存在无穷个解。这表明方程 2.10 是不可辨识的。

　　一般来说，多方程模型中的某个结构方程是否可辨识的问题可简化为，如果确切地知道模型简化式的参数，是否存在足够的信息来确定结构方程的参数？如果结构方程的参数能且仅能通过模型的简化式参数获得唯一解，该结构方程就是适度可辨识的；如果简化式参数不足以获得结构方程参数的唯一解，该结构方程就是不可辨识的。当然，对拥有两个以上内生变量的非递归模型，为确定简化式参数能否求出结构方程参数的唯一解，进行类似方程 2.14 到方程 2.17 的等式运算无疑是非常繁复沉闷的，这就体现了第 3 章中辨识检测的价值。

　　简化式视角也可用来确定某个不分层的非递归模型中的方程是否可辨识。为了便于说明，我们引入克里策（Kritzer，1977）关于抗议事件中暴力行为的模型作为例子，并进行了适当的修改（在此，我们剔除了克里策模型的几个变量，而在第 5 章中，我们将讨论克里策的完全模型）。图 2.4 的因果图示显示了这个简化的抗议事件中的暴力行为模型，其方程如下：

$$X_1 = \beta_{12} X_2 + \gamma_{13} Z_3 + \varepsilon_1 \qquad [2.20]$$

$$X_2 = \beta_{21} X_1 + \gamma_{23} Z_3 + \gamma_{24} Z_4 + \varepsilon_2 \qquad [2.21]$$

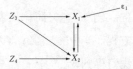

图 2.4　方程 2.20 和方程 2.21 所示的非递归模型的因果图示

其中,X_1 表示抗议者的暴力水平,X_2 表示警察的暴力水平。这两个内生变量被假定受到外生变量 Z_3(抗议者所遵奉的公民反抗特性)的直接影响。最后,警察拥有重装备的程度被看做是一个仅直接影响警察暴力的外生变量(Z_4),它对抗议者暴力只有间接影响。

把方程 2.20 化为简化式,我们把定义 X_2 的方程 2.21 代入方程 2.20:

$$X_1 = \beta_{12}(\beta_{21} X_1 + \gamma_{23} Z_3 + \gamma_{24} Z_4 + \varepsilon_2) + \gamma_{13} Z_3 + \varepsilon_1$$
$$[2.22]$$

如果我们对 X_2 的结构方程也进行类似的变换,然后对获得的方程以及方程 2.22 进行适当的同类项合并,就可以得到下列方程以表述图 2.4 抗议事件中暴力行为模型的简化式方程:

$$X_1 = \frac{(\gamma_{13} + \beta_{12}\gamma_{23})Z_3 + \beta_{12}\gamma_{24}Z_4 + (\varepsilon_1 + \beta_{12}\varepsilon_2)}{1 - \beta_{12}\beta_{21}}$$
$$[2.23]$$

$$X_2 = \frac{(\gamma_{23} + \beta_{21}\gamma_{13})Z_3 + \gamma_{24}Z_4 + (\varepsilon_2 + \beta_{21}\varepsilon_1)}{1 - \beta_{12}\beta_{21}} \quad [2.24]$$

然后,这两个简化式可被写为:

$$X_1 = \pi_{13} Z_3 + \pi_{14} Z_4 + U \qquad [2.25]$$

$$X_2 = \pi_{23} Z_3 + \pi_{24} Z_4 + V \qquad [2.26]$$

其中，

$$\pi_{13} = \frac{\gamma_{13} + \beta_{12}\gamma_{23}}{1 - \beta_{12}\beta_{21}} \quad [2.27] \qquad \pi_{23} = \frac{\gamma_{23} + \beta_{21}\gamma_{13}}{1 - \beta_{12}\beta_{21}} \quad [2.30]$$

$$\pi_{14} = \frac{\beta_{12}\gamma_{24}}{1 - \beta_{12}\beta_{21}} \quad [2.28] \qquad \pi_{24} = \frac{\gamma_{24}}{1 - \beta_{12}\beta_{21}} \quad [2.31]$$

$$U = \frac{\varepsilon_1 + \beta_{12}\varepsilon_2}{1 - \beta_{12}\beta_{21}} \quad [2.29] \qquad V = \frac{\varepsilon_2 + \beta_{21}\varepsilon_1}{1 - \beta_{12}\beta_{21}} \quad [2.32]$$

通过方程 2.27 到方程 2.32 能够求出 $\beta_{12} = \pi_{14}/\pi_{24}$ 以及 $\gamma_{13} = \pi_{13} - (\pi_{14}\pi_{23}/\pi_{24})$，因此该模型的简化式参数 π_{13}、π_{14}、π_{23} 和 π_{24} 能够确定方程 2.20 的结构参数 β_{12} 和 γ_{13} 的唯一解。这样一来，图 2.4 模型中 X_1 的结构方程就是可辨识的，但通过方程 2.27 到方程 2.32，我们无法求出方程 2.21 的结构参数 β_{21}、γ_{23} 和 γ_{24} 的唯一解，因此 X_2 的方程是不可辨识的。

以简化式视角来看上述两个模型，其中所有可辨识的方程都是适度辨识的。因此，最后有必要举一个过度辨识的模型的例子。我们所要引用的这个模型是基于邓肯、哈勒和波尔特（Duncan，Haller & Portes，1971）对青少年的同伴互动如何影响其职业和教育期望的研究。我们将对他们的原初模型进行简化，剔除与教育期望水平相关的变量。随后，我们会分析一个与邓肯等人的原初模型非常接近的模型。我们的职业期望模型如图 2.5 所示，其方程形式如下：

$$X_1 = \beta_{12}X_2 + \gamma_{13}Z_3 + \gamma_{14}Z_4 + \varepsilon_1 \qquad [2.33]$$

$$X_2 = \beta_{21}X_1 + \gamma_{25}Z_5 + \varepsilon_2 \qquad [2.34]$$

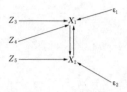

图 2.5 方程 2.33 和方程 2.34 所示的非递归模型的因果图示

模型中内生变量分别是 X_1（男性青少年的职业期望水平）和 X_2（其友人的职业期望水平），假定它们互为因果关系。对于受访者及其朋友而言，智力（Z_3 表示受访者的智力，Z_5 表示他朋友的智力）被假定为一个影响职业期望的外生变量。同时，我们还假定能获得受访者的父母对受访者职业期望的看法（比如，受访者在多大程度上认为他父母鼓励他争取高水平成就），这是一个对受访者职业期望水平有直接影响的外生变量（Z_4）。通过替换参数和合并同类项，得到了下面的模型简化式方程：

$$X_1 = \frac{\gamma_{13}Z_3 + \gamma_{14}Z_4 + \beta_{12}\gamma_{25}Z_5 + (\varepsilon_1 + \beta_{12}\varepsilon_2)}{1 - \beta_{12}\beta_{21}} \quad [2.35]$$

$$X_2 = \frac{\beta_{21}\gamma_{13}Z_3 + \beta_{21}\gamma_{14}Z_4 + \gamma_{25}Z_5 + (\varepsilon_2 + \beta_{21}\varepsilon_1)}{1 - \beta_{12}\beta_{21}}$$
$$[2.36]$$

这两个方程可以被写为下列形式：

$$X_1 = \pi_{13}Z_3 + \pi_{14}Z_4 + \pi_{15}Z_5 + U \quad [2.37]$$

$$X_2 = \pi_{23}Z_3 + \pi_{24}Z_4 + \pi_{25}Z_5 + V \quad [2.38]$$

其中，

$$\pi_{13} = \frac{\gamma_{13}}{1 - \beta_{12}\beta_{21}} \quad [2.39] \quad \pi_{23} = \frac{\beta_{21}\gamma_{13}}{1 - \beta_{12}\beta_{21}} \quad [2.43]$$

$$\pi_{14} = \frac{\gamma_{14}}{1 - \beta_{12}\beta_{21}} \quad [2.40] \qquad \pi_{24} = \frac{\beta_{21}\gamma_{14}}{1 - \beta_{12}\beta_{21}} \quad [2.44]$$

$$\pi_{15} = \frac{\beta_{12}\gamma_{25}}{1 - \beta_{12}\beta_{21}} \quad [2.41] \qquad \pi_{25} = \frac{\gamma_{25}}{1 - \beta_{12}\beta_{21}} \quad [2.45]$$

$$U = \frac{\varepsilon_1 + \beta_{12}\varepsilon_2}{1 - \beta_{12}\beta_{21}} \quad [2.42] \qquad V = \frac{\varepsilon_2 + \beta_{21}\varepsilon_1}{1 - \beta_{12}\beta_{21}} \quad [2.46]$$

现在假设已知简化式的参数，求解方程组的结构参数，我们
会发现从方程 2.40 和方程 2.44 中可以求出 $\beta_{21} = \pi_{24}/\pi_{14}$，
而从方程 2.39 和方程 2.43 中则得出 $\beta_{21} = \pi_{23}/\pi_{13}$。如果方
程 2.33 和方程 2.34 是对所要研究过程的精确模型化，而且
能获得"恰当选择的无限大样本"数据，那么存在两个 β_{21} 的表
达式并没有问题，因为两个表达式会得到一个相同的 β_{21} 值。
这样我们就得到：

$$\beta_{21} = \frac{\pi_{24}}{\pi_{14}} = \frac{\pi_{23}}{\pi_{13}} \quad [2.47]$$

但实际情况是，真正的简化式参数是不可知的，因为不存在
无限大的样本。我们只能通过有限样本数据来估计简化式
参数。最常用的方法是对方程 2.37 和方程 2.38 运用一般最
小二乘法回归。但利用有限样本数据，我们就不能保证简化
式的参数估计满足方程 2.47。我们的最大希望是它们近似
相等，即：

$$\frac{\hat{\pi}_{24}}{\hat{\pi}_{14}} \simeq \frac{\hat{\pi}_{23}}{\hat{\pi}_{13}}$$

符号 $\simeq$ 表示"近似等于"，而参数上的"帽子"（∧）用来标记参
数的估计值。因此，在实际运算中，当用简化式参数估计来
替代方程中真正的 π_{ij} 时，我们就无法获得任何一组满足方程

2.39 到方程 2.46 的结构参数估计值。方程 2.39 到方程 2.46 反而提供了两个有关 $\hat{\beta}_{21}$ 的表达式，即 $\hat{\beta}_{21} = \hat{\pi}_{24} / \hat{\pi}_{14}$ 和 $\hat{\beta}_{21} = \hat{\pi}_{23} / \hat{\pi}_{13}$。我们希望这两个方程会产生近似的估计值，但由于抽样的变异性，它们不可能相同。这就留下了一个有待解决的统计问题：如何从多个不一致的估计值中确定总体参数 β_{21} 的一个合理估计值？

任何存在过度辨识方程的模型都会产生类似的问题。如果存在超过"最小限度充分"辨识的冗余限定，在利用简化式参数求解结构参数的过程中，结构参数会产生多重解。这样，当我们把简化式参数的估计值代入多重解之中时，就产生了多个不一致的结构参数估计值。而当模型中的所有方程都是适度辨识的，上述情况就不会发生。因为利用简化式参数来求解结构参数，只能获得唯一解，因而每个结构参数就只有一个表达式。当把简化式参数的估计值代入这些表达式中，我们就得到了每个结构参数的唯一估计值。

线性组合视角

另一个检验多方程模型是否可辨识的便利方法是线性组合视角。一组方程的线性组合就是把其中的每个方程乘以一个常数项（每个方程可以不同），然后相加得到的一个方程。比如，$38x + 2y = 82$ 是下述方程的一个线性组合：(1) $4x + 2y = 8$；(2) $3x + 5y = 17$；(3) $5x - 6y = 13$。如果将方程 (1) 乘以 7，方程 (2) 乘以 0，方程 (3) 乘以 2，我们就能得到：(1) $28x + 14y = 56$；(2) $0 = 0$；(3) $10x - 12y = 26$。把这三个等式相加就得到了目标方程：$38x + 2y = 82$。我用"非零"

线性组合来指代一组方程的线性组合,其中任何乘法运算中的常数项都不为 0。

借助这些定义,我们假定有一个以结构方程的形式呈现的多方程模型满足方程组 1.2 的假设。这样一来,这个模型中方程的线性组合就具有一些非常重要的特性。首先,任何包含方程的模型,如果每个方程都是其原初模型中结构方程的一个线性组合,那么这个模型必然有与原初模型相同的简化式方程。反之亦然,那些与原初模型具有相同简化式方程的模型,就是那些其所包含的方程为原初模型方程的线性组合的模型。其次,任何一个通过对原初模型的结构方程组进行线性组合而得到的方程,都必然与原初模型的恰当选择的无限大样本数据相吻合。反之亦然,任何与该无限大样本数据相吻合的方程都必然是原初模型结构方程组的一个线性组合。[16] 这些特性使我们能够确立一项任何可辨识方程都要满足的条件:对于多方程模型中的某个方程而言,只有当模型中结构方程的所有线性组合(除该方程自身外)都无法满足针对该方程的限定时①,该方程才是可辨识的。

为了清楚地说明这一条件,让我们再次检验图 2.4 所示的抗议事件暴力行为模型,其表达式为方程 2.20 和方程 2.21。首先将方程 2.20 乘以一个非零常数 λ,方程 2.21 乘以非零常数 μ,然后把它们相加。与常数相乘后,我们得到:

$$\lambda X_1 = \lambda \beta_{12} X_2 + \lambda \gamma_{13} Z_3 + \lambda \varepsilon_1 \qquad [2.48]$$

$$\mu X_2 = \mu \beta_{21} X_1 + \mu \gamma_{23} Z_3 + \mu \gamma_{24} Z_4 + \mu \varepsilon_2 \qquad [2.49]$$

把方程 2.48 和方程 2.49 相加,再合并同类项得到:

---

① 即提供与该方程完全相同的变量。——译者注

$$0 = (\lambda\beta_{12} - \mu)X_2 + (\mu\beta_{21} - \lambda)X_1 + (\lambda\gamma_{13} + \mu\lambda_{23})Z_3 +$$

$$(\mu\gamma_{24})Z_4 + (\lambda\varepsilon_1 + \mu\varepsilon_2) \tag{2.50}$$

然后,方程两边都减去 $(\lambda\beta_{12} - \mu)X_2$,再除以 $-(\lambda\beta_{12} - \mu)$,就得到下面这个关于方程 2.20 和方程 2.21 的线性组合:

$$X_2 = -\frac{\mu\beta_{21} - \lambda}{\lambda\beta_{12} - \mu}(X_1) - \frac{\lambda\gamma_{13} + \mu\gamma_{23}}{\lambda\beta_{12} - \mu}(Z_3)$$

$$- \frac{\mu\gamma_{24}}{\lambda\beta_{12} - \mu}(Z_4) - \frac{\lambda\varepsilon_1 + \mu\varepsilon_2}{\lambda\beta_{12} - \mu} \tag{2.51}$$

这个方程可以换成下列形式:

$$X_2 = \beta_{21}^* X_1 + \gamma_{23}^* Z_3 + \gamma_{24}^* Z_4 + \varepsilon_2^* \tag{2.52}$$

其中,

$$\beta_{21}^* = -\frac{\mu\beta_{21} - \lambda}{\lambda\beta_{12} - \mu}$$

$$\gamma_{23}^* = -\frac{\lambda\gamma_{13} + \mu\gamma_{23}}{\lambda\beta_{12} - \mu}$$

$$\gamma_{24}^* = -\frac{\mu\gamma_{24}}{\lambda\beta_{12} - \mu}$$

$$\varepsilon_2^* = -\frac{\lambda\varepsilon_1 + \mu\varepsilon_2}{\lambda\beta_{12} - \mu}$$

最后,方程 2.52 中的误差项(ε_2^*)的均值为 0,且与外生变量 Z_1 和 Z_2 不相关。因此,方程 2.51 在形式上就与 X_2 的原初结构方程完全一样(包含相同的变量 X_1、X_2、Z_3 和 Z_4)。

方程 2.21 和方程 2.51 的相同形式表明,抗议事件暴力行为模型的简化式参数并不能使方程 2.21 的结构参数获得唯一解。这是为什么?我们知道,由方程 2.20 和方程 2.21 组成的模型与由方程 2.20 和方程 2.52 所组成的模型具有相同的简化式方程,因为方程 2.52 是方程 2.20 和方程 2.21 的线性组合。所以,如果已知抗议事件暴力行为模型的简化式参数来求解模型的结构参数,我们就会发现两组参数(β_{21}、γ_{23} 和 γ_{24} 与 β_{21}^*、γ_{23}^* 和 γ_{24}^*)被证明与简化式参数相吻合。这样一来,方程 2.21 就是不可辨识的。这一分析逻辑也可以换一种说法来表述。假定对于由方程 2.20 和方程 2.21 组成的抗议事件暴力行为模型,我们能够获得一个恰当选择的无限大样本数据。该数据也不能使我们获得方程 2.21 的结构参数的唯一解,因为只要参数 β_{21}、γ_{23} 和 γ_{24} 与数据吻合,那么参数 β_{21}^*、γ_{23}^* 和 γ_{24}^* 也同样会吻合。实际上还存在无穷个由方程 2.20 和方程 2.21 组成的非零线性组合的参数组与这样的数据相吻合。所以,我们依然说方程 2.21 是不可辨识的。就本质而言,是有可能得到抗议事件暴力行为模型方程的一个线性组合,其满足方程 2.21 的所有限定(即包含与方程 2.21 完全一样的变量),这足以证明方程 2.21 是不可辨识的。

那么,模型中的结构方程 2.20 又如何?与先前的情形相反,如果(正如所假定的那样)γ_{24} 不能等于 0,任何方程 2.20 和方程 2.21 所形成的非零线性组合都必然给 Z_4 形成一个非零参数(比如,$\mu\gamma_{24}$)。因此,当方程 2.20 和方程 2.21 的所有非零线性组合与模型的选择恰当的无限大样本数据吻合时,其中任何一个线性组合都无法满足方程 2.20 的限定,即 Z_4[①]项的系数为 0。因此,一个恰当选择的无限大样本数据足以确定方程 2.20 的结构参数的唯一解,这就确保了方程 2.20 是可辨识的。

---

① 　原文中这里为 Z_2,但根据上下文,应改为 Z_4。——译者注

　　通常来说,检验多方程模型中的某个结构方程的是否可辨识,往往是分析能否通过模型中部分或所有结构方程构成的线性组合,来获得一个与所要求解的方程形式相同的(即包含完全相同的变量)其他方程。如果找不到这样的方程,那么该方程就是可辨识的。反之,如果能找到这样一个由模型中部分或所有方程形成的线性组合(除了被研究的方程本身),它恰好包含与所要求解的方程完全相同的变量,我们就可以确信该被研究的方程是不可辨识的。这表明,若模型中越多变量被假定在一个给定的方程中具有非零的参数(或者说,越多的变量离开了方程),该方程可辨识的可能性就越大。因为参数为 0 的限定很难形成在形式上与这一给定方程完全一致的模型方程的线性组合。在我们进入第 4 章(关于如何把不可辨识的非递归模型修改成可辨识模型的议题)之前,这是一个必须牢记的关键法则。

第3章

可辨识性的检验

　　在前文中我们看到,简化式或线性组合方法都可以用来检验某个非递归模型是否可辨识。这两种方法在数学上是等价的,能够获得关于模型中的方程是否可辨识的相同结论。它们还提供了关于可辨识性的必要且充分条件,即每种方法都产生了一个保证某个方程是不可辨识的条件和一个保证某个方程是可辨识的条件。但从实际运用的角度来看,这两种方法即使对最简单的非递归模型,都是相当繁复和费时的。可喜的是,还存在另外两种更易操作的方法来检验可辨识性,其中一种是秩条件,它对可辨识性来说也是必要且充分的。在本章中,我将介绍一种来自秩且在数学上与秩等价的运算法则。另一种检验可辨识性常用的方法是次序条件,其优点是运用起来非常简便,但缺点在于,它只是可辨识性的一个必要但不充分条件。

第 1 节 | 次序条件

　　假定一个非递归模型的表达式为一组结构方程。我们设定:

$$m = 模型中内生变量的数目$$

$$k = 模型中外生变量的数目$$

我们依然假定该模型的所有变量和误差项的均值为 $0^{[17]}$,而且另一个关于误差项的假定是每个误差项与所有的外生变量都不相关。在此,我想再一次提醒读者,对于一个特定的模型,如果关于误差项的假定不合理,或者读者想要作出一个更强的关于误差项的假定,那么本章所介绍的可辨识性的检验方法就不适用,除非对其进行修改(参见附录 2)。

　　检验模型可辨识性最常用的一种方法是简单计数法,即次序条件。借助这个方法,模型中每个方程的检验都可以单独进行。假定我们要检验一个结构方程,为了使该方程可辨识,方程所未包含的外生变量数必须大于或等于方程所包含的作为解释变量的内生变量数。因此,如果我们设定:

$$k_e = 待检验的结构方程所未包含的模型外生变量数$$

$$m_i = 待检验的方程所包含的模型内生变量数(包括等式$$
左边被解释的那个变量)

如果次序条件显示该方程是可辨识的，就必然满足下列条件：

$$k_e \geqslant m_i - 1 \qquad [3.1]$$

右边减去 1 是因为 m_i 既包含了方程中的解释性内生变量，也包含了被解释的内生变量。

用一些简单的加减法就能得到一个等价的次序条件计算式，我们设定：

$m_e = $ 待检验的结构方程所未包含的模型内生变量数

然后，我们在方程 3.1 的两边都加上 m_e，就得到：

$$m_e + k_e \geqslant m_e + m_i - 1 \qquad [3.2]$$

而 $m_e + m_i = m$（模型中内生变量的总数），因此方程 3.2 就变为：

$$m_e + k_e \geqslant m - 1 \qquad [3.3]$$

因此，对一个可辨识的方程而言，它所未包含的模型变量数（包含内生和外生变量）必须等于或大于模型的结构方程数目①减去 1。

这两种次序条件方法有利于我们迅速判断某些方程是否可辨识。如果某个方程不能满足次序条件，那么它必然是不可辨识的。但我们也必须清醒地认识到次序条件法的局限：它对可辨识性而言是必要条件，但不是充分条件。因此，某方程满足了次序条件并不足以证明它是可辨识的。在假定该方程可辨识（即能获得合理的参数估计）之前，还必须对该方程进行秩条件检验。

---

① 模型的结构方程数目即模型所包含的内生变量的数目。——译者注

第 2 节 ┃ **秩条件**

秩条件是可辨识性的必要且充分条件，它采纳运用线性组合的视角来检验某个方程的可辨识性的程序。虽然介绍秩条件需要用到线性代数的知识，但本章将介绍一种在数学上与秩条件等价的运算法则，即使读者不具备线性代数知识，也能使用这个法则。[18]

该运算法则的基本原理就是用一个 ξ 行的矩阵来表示模型中变量的系数，其中每一行对应模型的一个结构方程。以图 2.4 所示模型为例，如果我们改写结构方程 2.20 和方程 2.21 如下：

$$0 = -X_1 + \beta_{12} X_2 + \gamma_{13} Z_3 + \varepsilon_1 \qquad [3.4]$$

$$0 = \beta_{21} X_1 - X_2 + \gamma_{23} Z_3 + \gamma_{24} Z_4 + \varepsilon_2 \qquad [3.5]$$

就可以用下述矩阵来表示这两个结构方程：

$$\begin{array}{c} \\ X_1 \\ X_2 \end{array} \begin{array}{cccc} X_1 & X_2 & Z_3 & Z_4 \\ \left[\begin{array}{cccc} -1 & \beta_{12} & \gamma_{13} & 0 \\ \beta_{21} & -1 & \gamma_{23} & \gamma_{24} \end{array} \right] \end{array}$$

由此可知，根据变量是否被方程所包含，我们可以把每个方程的系数在矩阵中简化为 0 或星号（＊），从而保留方程可辨识性检验的所有信息。这样，通过 0 和星号的操作。我们可以模拟下列运算：如果把一个方程乘以常数，然后再把获得的方程与另一个方程相加，即对方程进行线性组合，那么相应方程中的系数会发生怎样的变化？

运算法则

假定某个表达式为一组结构方程的非递归模型，其误差项与所有外生变量不相关，而且所有变量与误差项的均值为 0。同时，m、k、m_i、m_e 和 k_e 的定义也如上一节所述。我们形成如下所述的 m 行、$m+k$ 列的系统矩阵。在系统矩阵的最左侧，依次罗列了以任意顺序排列的模型内生变量，系统矩阵顶端则列出了以任意顺序排列的所有模型变量（包括内生和外生变量）。

系统矩阵的每一行对应定义该行左侧的内生变量的一个结构方程。我们一次只考虑一个结构方程，以确定矩阵中与之对应的输入。在每一列对应方程所包含的每个变量的位置输入一个星号，不论变量在该方程的右边还是左边。另外，在该行的所有其他位置输入 0。[19] 对模型中所有其他结构方程（即系统矩阵的其他行）进行同样的操作。结果就形成一个只包含 0 和星号的矩阵，该矩阵提供了使检验模型中任何一个方程可辨识性所需的全部信息。

在次序条件检验中，需运用运算法则对每个方程单独进行可辨识性的检验。而且，作为第一步，在运算法则中建立次序条件也很有用。因此，对于模型中某个待检验可辨识性的方程，k_e 必须大于或等于 m_i 减去 1。如果 $k_e < m_i - 1$，则该方程必定是不可辨识的，也就无需进行运算法则的其余步

骤了。但如果 $k_e \geqslant m_i - 1$，那么接下来的步骤就是必要的。

我们把系统矩阵中对应待检验方程可辨识性的行称为"检验行"。第一步是在检验行上画一条线。[20]同时，在检验行中星号所在的列也画一条线。然后改写系统矩阵：(1)删除画线那一行，即检验行；(2)删除画线的所有的列。剩下的这个子矩阵就是该检验行的收缩矩阵。

我们还必须定义三个概念：(1)如果两个矩阵行在矩阵列上的输入完全相同，那么这两个矩阵行就是等同的；(2)对于某矩阵行，从左往右的第一个星号被称做该行的"领头星号"；(3)如果存在领头星号的每个列上的其他输入皆为 0，那么这就是该矩阵的简单形式。[21]为了进一步说明这些定义，以下面的 3×3 矩阵为例：

$$
\begin{array}{c}
\text{列} \\
\begin{array}{ccc}
 & 1 & 2 & 3
\end{array} \\
\text{行} \begin{array}{c} 1 \\ 2 \\ 3 \end{array}
\begin{bmatrix}
* & 0 & * \\
* & * & 0 \\
* & 0 & *
\end{bmatrix}
\end{array}
$$

首先，我们看到该矩阵的行 1 和行 3 是等同的，因为这两行在列 2 都是 0，其他列都是星号。其次，这不是一个简单式的矩阵，只要看到列 1 包含了行 1 的领头星号，同时也包含了行 2 的星号，我们就知道这不是简单式。简单式背后的含义将随着讨论的展开而逐渐清晰。从本质上来说，这种定义的策略可以对压缩矩阵进行操作，从而把矩阵转化成简单式。一旦获得了简单式矩阵，我们就能很快判断对应该矩阵中检验行的方程是否可辨识。

分析收缩矩阵的步骤可参见图 3.1。该流程图中的所有步骤是一个完整的检验可辨识性的运算法则。现在,我将举一些例子来说明整个检验模型方程可辨识性的过程。

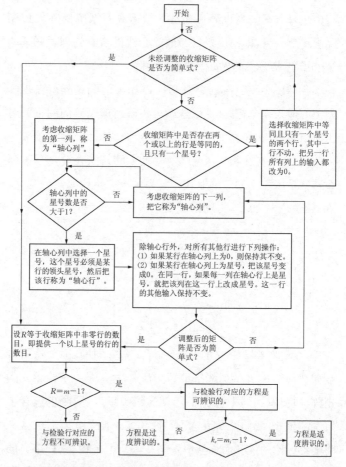

注:熟悉线性代数的读者应当知道,R 就等于未调整收缩矩阵的秩,矩阵中的星号表示结构参数不被假定为 0。

图 3.1　分析收缩矩阵的流程图

第一,职业和教育期望模型。我们现在对上文提及的职业期望模型加以扩展,以更接近于邓肯等人提出的原初模型(Duncan et al.,1971)。图 3.2 所示的这一模型包含四个内生变量:(1)某男性受访青少年的职业期望水平 X_1;(2)该受访者的朋友的职业期望水平 X_2;(3)受访者的教育期望水平 X_3;(4)受访者的朋友的教育期望水平 X_4。我们假定这两个职业期望变量互为因果,两个教育变量之间也是如此。而且,对于受访者及其朋友,我们假定职业期望是教育期望的一个直接原因。我们还假设能获得一个有关智力的指标(只是受访者的智力),并认为受访者的智力(Z_5)对他的职业和教育期望都具有直接作用。[22] 最后,我们把受访者与朋友的家庭社会经济地位 Z_6 和 Z_7 作为外生变量引入模型中,它们都直接影响职业和教育期望水平。因此,该模型的结构方程组如下所示:

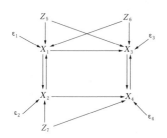

注:假定 $\mathrm{cov}(\varepsilon_i, Z_j) = 0$,其中 $i = 1$、2、3 和 4;$j = 5$、6 和 7;$\mathrm{E}(X_i) = \mathrm{E}(\varepsilon_i) = \mathrm{E}(Z_j) = 0$,其中 $i = 1$、2、3 和 4;$j = 5$、6 和 7。X_1 为受访者的职业期望水平,X_2 为朋友的职业期望水平,X_3 为受访者的教育期望水平,X_4 为朋友的教育期望水平,X_5 为受访者的智力水平,Z_6 为受访者的家庭社会经济地位,Z_7 为朋友的家庭社会经济地位。

图 3.2 方程 3.6 至方程 3.9 所示的非递归模型的因果图示

$$X_1 = \beta_{12} X_2 + \gamma_{15} Z_5 + \gamma_{16} Z_6 + \varepsilon_1 \qquad [3.6]$$

$$X_2 = \beta_{21} X_1 + \gamma_{27} Z_7 + \varepsilon_2 \qquad [3.7]$$

$$X_3 = \beta_{31} X_1 + \beta_{34} X_4 + \gamma_{35} Z_5 + \gamma_{36} Z_6 + \varepsilon_3 \qquad [3.8]$$

$$X_4 = \beta_{42} X_2 + \beta_{43} X_3 + \gamma_{47} Z_7 + \varepsilon_4 \qquad [3.9]$$

假定每个误差项(ε_1、ε_2、ε_3 和 ε_4)与每个外生变量(Z_5、Z_6 和 Z_7)都不相关,而且所有的变量和误差项的均值为 0。对于这一结构方程组来说,$m = 4$,$k = 3$,其系统矩阵可表示为如下形式:

$$
\begin{array}{c}
\quad\quad\ X_1 \ \ X_2 \ \ X_3 \ \ X_4 \ \ Z_5 \ \ Z_6 \ \ Z_7 \\
\begin{array}{c} X_1 \\ X_2 \\ X_3 \\ X_4 \end{array}
\left[
\begin{array}{ccccccc}
* & * & 0 & 0 & * & * & 0 \\
* & * & 0 & 0 & 0 & 0 & * \\
* & 0 & * & * & * & * & 0 \\
0 & * & * & * & 0 & 0 & *
\end{array}
\right]
\end{array}
$$

首先来检验定义 X_1 的结构方程 3.6 的可辨识性。对于该方程,$k_e \geqslant m_i - 1$,因为 $k_e = 1$ 且 $m_i = 2$。因此次序条件是满足的,必须继续我们的运算法则。对检验行(行 X_1)及列 X_1、X_2、Z_5 和 Z_6(在检验行提供了星号)分别画线,就得到:

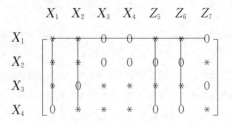

因此,该检验行的收缩矩阵如下:

$$
\begin{array}{c}
\text{列} \\
\begin{array}{cccc}
 & 1 & 2 & 3 \\
\begin{array}{c} 1 \\ \text{行} \;\; 2 \\ 3 \end{array} &
\left[\begin{array}{ccc}
0 & 0 & * \\
* & * & 0 \\
* & * & *
\end{array}\right]
\end{array}
\end{array}
$$

　　接下来用图 3.1 所示的步骤对收缩矩阵进行调整。首先，请注意未经调整的收缩矩阵不是简单式（比如行 2 在列 1 存在领头星号，但列 1 包含了两个星号）。其次，收缩矩阵中不存在两个行是等同的。我们选择列 1 为轴心列（定义参见图 3.1）开始，但由于列 1 存在一个以上的星号（行 2 和行 3），所以我们必须选择行 2 或行 3 为轴心行（定义参见图 3.1）。注意，这一选择并不会影响收缩矩阵的 R 值（定义参见图3.1），虽然它会影响最终形成的简单式矩阵中 0 和星号的位置。

　　选择行 2 为轴心行。我们必须逐个检验矩阵中的其他行，即行 1 和行 3。因为行 1 在轴心列（列 1）上是 0，故保持行 1 不变。但行 3 在轴心列上是星号，所以必须进行调整。根据流程图的指示，我们把行 3/列 1 位置的星号改为 0。接着，因为轴心行在列 2 上是星号，所以我们必须在行 3/列 2 的位置上输入星号。当然，在本例中，该位置上已经是星号了，因此这一操作没带来变化。经过这些调整之后，矩阵变成了如下形式：

$$
\begin{array}{c}
\text{列} \\
\begin{array}{cccc}
 & 1 & 2 & 3 \\
\begin{array}{c} 1 \\ \text{行} \;\; 2 \\ 3 \end{array} &
\left[\begin{array}{ccc}
0 & 0 & * \\
* & * & 0 \\
0 & * & *
\end{array}\right]
\end{array}
\end{array}
$$

这还不是简单式矩阵(比如,其中行 3 的领头星号在列 2,但列 2 包含两个星号),因此我们必须重新回到流程图,并以列 2 为轴心列。列 2 包含一个以上的星号,但只有一个是领头星号(在行 3 上),因此必须以行 3 为轴心行。由于行 1 在轴心列上为 0,故保持行 1 不变。但行 2 在轴心列上为星号,必须加以调整。我们把行 2/列 2 的位置变成 0,把行 2/列 3 的位置变成星号。经过这些调整,就获得了如下矩阵:

$$
\begin{array}{c}
\qquad\text{列} \\
\begin{array}{cccc}
 & 1 & 2 & 3 \\
\end{array} \\
\text{行}\
\begin{array}{c}
1 \\ 2 \\ 3
\end{array}
\begin{bmatrix}
0 & 0 & * \\
* & 0 & * \\
0 & * & *
\end{bmatrix}
\end{array}
$$

这个矩阵仍然不是简单式,因为列 3 包含行 1 的领头星号和其他两个星号。所以我们再次回到流程图,并以列 3 为轴心列。列 3 中的三个星号中,只有行 1 上的是领头星号,所以行 1 必须成为轴心行。然后我们调整行 2 和行 3,因为它们在轴心列上都是星号。把列 3 上所有其他星号(即行 2/列 3 和行 3/列 3)改成 0,就得到如下矩阵:

$$
\begin{array}{c}
\qquad\text{列} \\
\begin{array}{cccc}
 & 1 & 2 & 3 \\
\end{array} \\
\text{行}\
\begin{array}{c}
1 \\ 2 \\ 3
\end{array}
\begin{bmatrix}
0 & 0 & * \\
* & 0 & 0 \\
0 & * & 0
\end{bmatrix}
\end{array}
$$

这是一个简单式矩阵,因为每一列都只有一个星号。所以不需要再对矩阵进行调整。

　　由于简单式矩阵中所有的行都包含星号,因此 $R=3$,且由于 $m=4$,所以 $R=m-1$。因此,代表 X_1 的结构方程 3.6 可辨识。最后,由于 $k_e=(m_i-1)=1$,所以可知该方程是适度辨识的。

　　接下来,检验期望模型中方程 3.7 的可辨识性。由于 $k_e=2$,$m_i=2$,进而得到 $k_e>m_i-1$,所以该方程的次序条件是满足的。在检验行(X_2 所在行)以及 X_1、X_2 和 Z_7 所在列上画线,删除所画线上的输入,便得到如下的检验行收缩矩阵:

$$
\begin{array}{c}
\text{列}\\
\begin{array}{cccc}
1 & 2 & 3 & 4
\end{array}\\
\text{行}\
\begin{array}{c}1\\2\\3\end{array}
\left[\begin{array}{cccc}
0 & 0 & * & *\\
* & * & * & *\\
* & * & 0 & 0
\end{array}\right]
\end{array}
$$

该收缩矩阵不是简单式,而且不存在两个等同的列。以列 1 为轴心列,选择行 3 为轴心行。行 1 在轴心列上是 0,所以保持行 1 不变。行 2 在轴心列上是星号,因此必须进行调整。调整后的矩阵如下:

$$
\begin{array}{c}
\text{列}\\
\begin{array}{cccc}
1 & 2 & 3 & 4
\end{array}\\
\text{行}\
\begin{array}{c}1\\2\\3\end{array}
\left[\begin{array}{cccc}
0 & 0 & * & *\\
0 & * & * & *\\
* & * & 0 & 0
\end{array}\right]
\end{array}
$$

　　然后,列 2 成为轴心列,且要求行 2 成为轴心行。行 1 不变,但行 3 必须进行调整,从而得到下列矩阵,但这仍然不是简单式：

$$
\begin{array}{c}
\text{列}\\
\begin{array}{cccc}
1 & 2 & 3 & 4
\end{array}\\
\begin{array}{c}
\text{行}
\end{array}
\begin{array}{c}
1\\2\\3
\end{array}
\left[
\begin{array}{cccc}
0 & 0 & * & *\\
0 & * & * & *\\
* & 0 & * & *
\end{array}
\right]
\end{array}
$$

接着，以列 3 为轴心列，行 1 为轴心行。对行 2 和行 3 进行必要的调整，得到如下矩阵：

$$
\begin{array}{c}
\text{列}\\
\begin{array}{cccc}
1 & 2 & 3 & 4
\end{array}\\
\begin{array}{c}
\text{行}
\end{array}
\begin{array}{c}
1\\2\\3
\end{array}
\left[
\begin{array}{cccc}
0 & 0 & * & *\\
0 & * & 0 & *\\
* & 0 & 0 & *
\end{array}
\right]
\end{array}
$$

这个矩阵是简单式，因此不需要继续调整。我们已经得到 $R=3$，既然 $m=4$，所以 $R=m-1$。因此，定义 X_2 的结构方程 3.7 可辨识。最后，回顾该方程的次序条件检验，已知 $k_e > m_i - 1$，所以方程 3.7 是过度辨识的。

接下来再看结构方程 3.8，其中 $k_e = 1$, $m_i = 3$。因此方程 3.8 不满足次序条件，所以必然不可辨识。最后，对方程 3.9 进行运算，发现其适度辨识，因为最后结果是 $R=3=m-1$，而且 $k_e = 2 = m_i - 1$。因此，图 3.2 所示的教育和职业期望模型的辨识性如下：结构方程 3.6、结构方程 3.7 和结构方程 3.9 是可辨识的，其中 X_1 和 X_4 的方程是适度辨识的，X_2 的方程是过度辨识的，但定义 X_3 的方程 3.8 是不可辨识的。如果拥有足够多的数据，我们就能合理地估计方程 3.6、方程 3.7 和方程 3.9 中的参数，但无法估计方程 3.8 的参数。

因此,我们有必要对模型进行修改以使所有方程都变成可辨识的(将在第 4 章讨论)。

第二,投票行为模型。为了让读者明白该运算法则,我们将对图 1.4 所示的投票模型的扩展模型进行可辨识性检验。我们增加了两个来自佩奇和琼斯(Page & Jones,1979)研究的外生变量:(1)父亲的政党认同(Z_5),并假定其对个人的政党认同有直接作用;(2)个人的"政党投票史"(Z_6),假定其对个人政党认同和候选人评价都有直接因果作用。这样,我们的模型就如图 3.3 所示,方程组表达式如下:

$$X_1 = \beta_{12}X_2 + \beta_{13}X_3 + \gamma_{14}Z_4 + \gamma_{15}Z_5 + \gamma_{16}Z_6 + \varepsilon_1 \qquad [3.10]$$

$$X_2 = \beta_{21}X_1 + \beta_{23}X_3 + \gamma_{26}Z_6 + \varepsilon_2 \qquad [3.11]$$

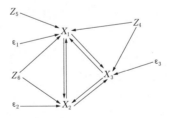

注:假定 $\mathrm{cov}(\varepsilon_i, Z_j) = 0$,其中 $i = 1$、2 和 3;$j = 4$、5 和 6;$E(X_i) = E(\varepsilon_i) = E(Z_j) = 0$,其中 $i = 1$、2 和 3;$j = 4$、5 和 6。X_1 为政党认同,X_2 为候选人评价,X_3 为政策/议题立场,X_4 为教育,Z_5 为父亲的政党认同,Z_6 为政党投票史。

图 3.3 方程 3.10、方程 3.11 和方程 3.12 所示的非递归模型的因果图示

$$X_3 = \beta_{31}X_1 + \beta_{32}X_2 + \gamma_{34}Z_4 + \varepsilon_3 \qquad [3.12]$$

对于该模型,$m = k = 3$,其系统矩阵如下:

$$
\begin{array}{c}
\quad\ X_1\ \ X_2\ \ X_3\ \ Z_4\ \ Z_5\ \ Z_6 \\
\begin{array}{c} X_1 \\ X_2 \\ X_3 \end{array}
\left[\begin{array}{cccccc}
* & * & * & * & * & * \\
* & * & * & 0 & 0 & * \\
* & * & * & * & 0 & 0
\end{array}\right]
\end{array}
$$

我们很容易就能得出在投票模型中,定义 X_1 的结构方程 3.10 不可辨识,因为通过次序条件检验,$k_e = 0$,$m_i = 3$,进而得到 $k_e < m_i - 1$。但方程 3.11 满足次序条件($k_e = 2$,$m_i = 3$),因此,删除了系统矩阵中 X_2 所在行以及 X_1、X_2、X_3 和 Z_6 所在列,得到该方程的收缩矩阵如下:

$$
\begin{array}{c}
列 \\
\quad\ 1\ \ 2 \\
行\ \begin{array}{c} 1 \\ 2 \end{array}
\left[\begin{array}{cc}
* & * \\
* & 0
\end{array}\right]
\end{array}
$$

以列 1 为轴心列,行 2 为轴心行。然后按照规则,对行 1 进行调整,得到一个简单式矩阵如下:

$$
\begin{array}{c}
列 \\
\quad\ 1\ \ 2 \\
行\ \begin{array}{c} 1 \\ 2 \end{array}
\left[\begin{array}{cc}
0 & * \\
* & 0
\end{array}\right]
\end{array}
$$

因此,R 等于 2,与 $m-1$ 相等,所以该方程是可辨识的。既然 $k_e = m_i - 1$,那么方程 3.11 是适度辨识的。

运算法则同样显示方程 3.12 也是适度辨识的,该方程的收缩矩阵如下:

列

$$
\begin{array}{cc}
 & \begin{array}{cc} 1 & \quad 2 \end{array} \\
\text{行} \begin{array}{c} 1 \\ 2 \end{array} & \left[\begin{array}{cc} * & * \\ 0 & * \end{array} \right]
\end{array}
$$

对方程进行调整后,得到 $R = 2 = m - 1$,而且与前一个方程一样,$k_e = 2 = m_i - 1$。因此,投票模型中,两个方程适度辨识,第三个方程不可辨识,所以也需要修改模型。在讨论如何对不可辨识的模型进行修改之前,我们先回到教育期望模型这个例子。

第 3 节 | 次序条件的不充分性：一点说明

在前述两个使用运算法则的例子中，满足次序条件的每个方程最后都被证明是可辨识的。为了抵制认为次序条件是可辨识性的充分且必要条件这一诱惑，我们将以教育和职业期望的扩展模型为例进行说明。这一修正模型如图 3.4 所示，结构方程组表达式如下[23]：

$$X_1 = \beta_{12} X_2 + \beta_{19} X_9 + \gamma_{15} Z_5 + \gamma_{16} Z_6 + \varepsilon_1 \quad [3.13]$$

$$X_2 = \beta_{21} X_1 + \beta_{2,10} X_{10} + \gamma_{27} Z_7 + \gamma_{28} Z_8 + \varepsilon_2 \quad [3.14]$$

$$X_3 = \beta_{31} X_1 + \beta_{34} X_4 + \beta_{39} X_9 + \gamma_{35} Z_5 + \gamma_{36} Z_6 + \varepsilon_3$$
$$[3.15]$$

$$X_4 = \beta_{42} X_2 + \beta_{43} X_3 + \beta_{4,10} X_{10} + \gamma_{47} Z_7 + \gamma_{48} Z_8 + \varepsilon_4$$
$$[3.16]$$

$$X_9 = \gamma_{95} Z_5 + \gamma_{96} Z_6 + \varepsilon_9 \quad [3.17]$$

$$X_{10} = \gamma_{10,7} Z_7 + \gamma_{10,8} Z_8 + \varepsilon_{10} \quad [3.18]$$

该模型与图 3.2 所示模型的区别在于，在这里，我们假设能获得有关朋友智商的指标（Z_8）。该模型还增加了两个内生变量：受访者父母的期望水平（X_9）和朋友父母的期望水平

(X_{10})。假定某青少年父母的期望水平影响其教育和职业期望，同时父母的期望水平受该青少年的智力及家庭社会经济地位的影响。

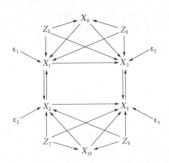

注：假定 $\text{cov}(\varepsilon_i, Z_j) = 0$，其中 $i = 1$、2、3、4、9 和 10；$j = 5$、6、7 和 8；$E(X_i) = E(\varepsilon_i) = E(Z_j) = 0$，其中 $i = 1$、2、3、4、9 和 10；$j = 5$、6、7 和 8。X_1 为受访者的职业期望水平，X_2 为朋友的职业期望水平，X_3 为受访者的教育期望水平，X_4 为朋友的教育期望水平，Z_5 为受访者的智力水平，Z_6 为受访者的家庭社会经济地位，Z_7 为朋友的家庭社会经济地位，Z_8 为朋友的智力水平，X_9 为受访者父母的期望水平，X_{10} 为朋友父母的期望水平。

图 3.4 方程 3.13 至方程 3.18 所示的非递归模型的因果图示

对于这一新模型，使 $m = 6$，$k = 4$，从而形成如下的系统矩阵：

	X_1	X_2	X_3	X_4	X_9	X_{10}	Z_5	Z_6	Z_7	Z_8
X_1	*	*	0	0	*	0	*	*	0	0
X_2	*	*	0	0	0	*	0	0	*	*
X_3	*	0	*	*	*	0	*	*	0	0
X_4	0	*	*	*	0	*	0	0	*	*
X_9	0	0	0	0	*	0	0	0	0	0
X_{10}	0	0	0	0	0	*	0	0	*	*

我们来看模型中的结构方程 3.13。对于该方程，$k_e = 2$，$m_i = 3$，因此 $k_e = m_i - 1$，满足了次序条件。如果按照运算法则继续对方程进行操作，会得到如下收缩矩阵：

列

$$
\begin{array}{c}
 & \begin{array}{ccccc} 1 & 2 & 3 & 4 & 5 \end{array} \\
\text{行}\begin{array}{c} 1 \\ 2 \\ 3 \\ 4 \\ 5 \end{array} &
\left[\begin{array}{ccccc}
0 & 0 & * & * & * \\
* & * & 0 & 0 & 0 \\
* & * & * & * & * \\
0 & 0 & 0 & 0 & 0 \\
0 & 0 & 0 & * & *
\end{array}\right]
\end{array}
$$

继续进行调整，直至获得简单式矩阵，最后得到 $R = 4$（其实很显然，R 必定小于 5，因为矩阵中的行 4 在运算法则的任何步骤中都会保持不变）。由于 $m = 6$，则 $R \neq m - 1$，因此该方程是不可辨识的。我们注意到，即使满足了次序条件，该方程还是不可辨识的。线性组合视角可以说明为什么方程 3.13 是不可辨识的。问题在于，在同一个模型中，方程 3.17 的所有变量（即 X_9、Z_5 和 Z_6）都在方程 3.13 中出现过。所以方程 3.13 和方程 3.17 的任何非零线性组合所包含的变量都与方程 3.13 完全相同，因此，以线性组合的视角来看，方程 3.13 也是不可辨识的。

总而言之，需要牢记的一点是，次序条件是不充分的，虽然它是表明某些方程不可辨识的有效方法，但却不可用来表明某个方程是可辨识的。如果某个方程满足次序条件，就必须用一个完整的运算流程来检验该方程是否满足秩条件。

第 **4** 章

修改不可辨识模型

估计可辨识非递归模型中方程参数的方法有好几种。但是对于不可辨识的方程,没有任何估计方法可以克服可辨识性的缺失,从而产生有意义的参数估计值。那么,这是否意味着面对一个不可辨识模型,我们所能做的只是无奈地耸耸肩,然后转向一个完全不同的研究领域? 答案当然是否定的。通过对一个不可辨识模型中的方程增加一些限定,我们可以使其变得"可辨识"。其中的某些限定种类我们已经在第 2 章中讨论过,但在当前的社会科学研究中,最为常用的是零限定:假定模型结构方程中的某些变量可以被忽略,即模型中的某些参数等于 0。

确实,在第 2 章用线性组合视角来检验可辨识性时,我们已经认识到,特定方程中越多的模型变量被排除(即方程中越多的变量参数被限定为 0),该方程就越有可能是可辨识的。我们在第 3 章中对所列举模型的可辨识性特征的检验与这一经验法则是一致的。比如在图 3.3 所示的投票模型中,唯一不可辨识的方程就是定义 X_2 的方程 3.10。该方程在模型所有方程中是零限定最少的。方程 3.11 和方程 3.12 各自都有两个参数被假定为 0,分别是方程 3.11 中的 Z_4 和 Z_5 以及方程 3.12 中的 Z_5 和 Z_6。相反,方程 3.10 中没有零限定,也就是说,模型包含的所有变量都出现在方程3.10中。图3.2所示的职业和教育期望模型也存在类似情况,唯一一个不可辨识的方程是定义 X_3 的方程3.8,在模型的四个结构方程中,方程3.8是删除变量最少的一个。在任何时候,上述经验法则都将是修改不可辨识模型以使其可辨识的中心原则。

借助这一法则,我们继续来看图3.2所示的期望模型。我们的基本目标是通过增加零限定,使方程3.8变得可辨识。显然,通过删除一个或多个方程中已有的解释变量来增加零限定是不合适的。假定原初模型是对男性青少年教育和职业期望相关理论的精确界定描述,那么从方程3.8中删除某个变量,而在模型的其他方程中仍然保留该变量,就将导致模型的错误设定,即导致模型与构建它的理论脱节。但通过增加影响模型中其他变量(除 X_3 以外)的外生变量,我们或许能增加方程3.8的零限定的数目,使其具有可辨识性,但又不会导致模型的错误界定。

比如,当受访者的智力(Z_5)作为外生变量被纳入模型时,我们曾假定无法获得衡量受访者的朋友智力的指标。但如果能获得衡量朋友智力的指标,我们就能把它纳入模型,并假定它具有与受访者智力相同的作用机制。也就是说,我们假定朋友的智力(Z_8)对 X_2(朋友的职业期望水平)和 X_4(朋友的教育期望水平)都有直接作用,但对 X_1 或 X_3(受访者的职业和教育期望水平)没有直接作用。增加了新的外生变量之后,模型变成了如下形式:

$$X_1 = \beta_{12}X_2 + \gamma_{15}Z_5 + \gamma_{16}Z_6 + \varepsilon_1 \qquad [4.1,与3.6相同]$$

$$X_2 = \beta_{21}X_1 + \gamma_{27}Z_7 + \gamma_{28}Z_8 + \varepsilon_2 \qquad [4.2,修改后的3.7]$$

$$X_3 = \beta_{31}X_1 + \beta_{34}X_4 + \gamma_{35}Z_5 + \gamma_{36}Z_6 + \varepsilon_3 \quad [4.3,与3.8相同]$$

$$X_4 = \beta_{42}X_2 + \beta_{43}X_3 + \gamma_{47}Z_7 + \gamma_{48}Z_8 + \varepsilon_4 \quad [4.4,修改后的3.9]$$

在该模型中,与先前相比,X_3 的结构方程有了一个以上的零限定。因此,对期望模型的修改符合有关零限定的经验法则。我们希望这一修改可使模型变得可辨识。的确,运算法则的运用表明,该模型现在变得可辨识了。具体来说,结构方程 4.1 和结构方程 4.2 过度辨识,而方程 4.3 和方程 4.4 则为适度辨识。[24]

接下来,我们尝试一下使图 3.3 所示的投票模型变得可辨识。模型中也只有一个结构方程不可辨识,即决定政党认同的方程 3.10。因此,为了使模型可辨识,我们必须找到可以加入到除方程 3.10 以外的其他模型方程中的外生变量。换言之,我们必须找到至少一个外生变量,确信其对政党认同(X_1)没有影响,但却对至少一个其他内生变量具有直接影响。这里我们可以参考佩奇和琼斯(Page & Jones, 1979)的初始模型。他们提出某人对候选人个人素质的评价影响其对候选人的评价,但却不直接影响政党认同或政策/议题立场。他们还假定收入对政策/议题立场有直接因果作用,但对政党认同或候选人评价没有直接作用。如果我们把个人素质评价(Z_7)和收入(Z_8)作为外生变量加入到模型中,我们就得到了如下方程组:

$$X_1 = \beta_{12}X_2 + \beta_{13}X_3 + \gamma_{14}Z_4 + \gamma_{15}Z_5$$
$$+ \gamma_{16}Z_6 + \varepsilon_1 \qquad [4.5,与3.10相同]$$

$$X_2 = \beta_{21}X_1 + \beta_{23}X_3 + \gamma_{26}Z_6 + \gamma_{27}Z_7 + \varepsilon_2 \quad [4.6,修改后的3.11]$$

$$X_3 = \beta_{31}X_1 + \beta_{32}X_2 + \gamma_{34}Z_4 + \gamma_{38}Z_8 + \varepsilon_3 \quad [4.7, 修改后的 3.12]$$

如果运用运算法则加以演算,我们将发现,投票模型现在已是可辨识的了。[25]

因此,给不可辨识的多方程模型增加外生变量,可以达到可辨识的目的。当然,人为地给模型增加外生变量对获得模型的可辨识性未必有帮助。我们对上述例子的处理表明,给某个不可辨识的模型增加外生变量需要遵循两类要求:一类是技术性的,一类是理论性的。在技术性层面,为了使模型中某个不可辨识的方程变得可辨识,一个或多个外生变量必须添加到除目标方程以外的其他方程中。但是,并不是模型中新增变量和其他变量的所有因果关系都足以限定模型,从而使目标方程可辨识。而且,也没有简单的规则能指导这些变量之间因果关系的定位。研究者必须尝试对这些因果关系进行不同的组合,并运用运算法则对新形成的方程进行检验。[26]

这些用以克服模型不可辨识性的方法听起来像是游戏,像是我们不断对新的外生变量进行"洗牌",直至找到合适的为止。但这是一个蹩脚的策略。与运用所有的方法论策略一样,要想这一策略运用得当和有效,在添加外生变量时,我们必须时刻不忘理论。比如,只有我们有信心认为把个人素质评价变量(Z_7)添加到图 3.3 所示的投票模型(新模型的方程表达式是方程 4.5、方程 4.6 和方程 4.7)是从理论出发的,这一操作才合理。换句话说,我们是基于理论认为,Z_7 对政党认同(X_1)或政策/议题立场(X_3)没有直接因果作用,因此 Z_7 对 X_1 或 X_3 的任何作用都是间接的,是通过 Z_7 对候选人的比较性评价(X_2)来发挥作用的。即使这样,我们的理由还不够充分，我们还必须相信，基于理论，Z_7 确实对 X_2 有影响。克莱因（Klein, 1962:18）很好地表述了这一警告：

> 在任何调查中，可辨识性都不能通过简单地增加一些对于系统内部关系而言非常微弱或者边缘性的变量而轻易获得。我们必须增加那些具有实质性意义，却被之前的研究所忽视的变量。

打个比方，假定个人素质评价（Z_7）对候选人比较性评价（X_2）的影响很微弱，也就是说，Z_7 值在数量上的每一个变化对于 X_2 值数量上的变化影响很小，那么，即使修正后的投票模型是可辨识的，它对于模型真实参数的估计也没有价值。这是因为当非递归模型中新增的外生变量与模型中已有内生变量的相关很微弱时，用来估计参数的统计方法会产生标准误差很大的估计值。这意味着参数的置信区间会变得很宽，这样的经验分析也就不可能使我们用合理的精度对因果作用的大小进行测量。

最后，理论在模型可辨识性中的关键作用表明，理论必须先于研究过程而存在，而非形成于原初模型被证明为不可辨识之后。如果在设计研究项目时以及收集数据之前，研究者没有去寻找能使模型获得可辨识性的外生变量，那么研究者很可能陷入这样的尴尬境地：无法获得理论上合适、技术上也必需的外生变量的数据以使模型可辨识。在这种情况下，要想成功地把一个不可辨识模型转变为可辨识模型，的确希望渺茫。

第 **5** 章

估计方法

在本章中,我们将讨论如何恰当地对非递归模型中的方程参数进行估计的程序。当然,在本章中,我们假定所讨论的模型都是可辨识的,因为不可辨识的模型无法获得有意义的参数估计。在第 1 章中,我们提及对于递归模型中的方程而言,一般最小二乘法回归分析能产生无偏且一致的参数估计值;对于一个可辨识的非递归模型,一般最小二乘法回归并不合适,因为它会产生有偏且不一致的估计值。但幸运的是,我们可以对一般最小二乘法进行修改,使之在运用于非递归模型时,能产生或许有偏但至少一致的参数估计值。

当我们从递归模型转向非递归模型后,一般最小二乘法不再适用的原因在于,我们不能再假定非递归模型中的每个误差项 ε_i 与结构方程中的所有解释变量包括的误差项不相关。除非一个方程中的误差项与方程所有的解释变量不相关,否则一般最小二乘法产生的参数估计值就会有偏且不一致。为了说明这一点,我们来看一个如下形式的、包含两个变量的回归模型:

$$Y = \beta X + \varepsilon \qquad [5.1]$$

其中,我们假定,X、Y 和 ε 均值皆为 0,但并不得出误差项 ε

与解释变量 X 不相关的假定。如果将方程 5.1 乘以 X，则得到：

$$XY = \beta X^2 + X\varepsilon \qquad [5.2]$$

然后对等式两边都取期望值，得到：

$$E(XY) = \beta E(X^2) + E(X\varepsilon) \qquad [5.3]$$

但 $E(XY) = \mathrm{cov}(X, Y)$，$E(X\varepsilon) = \mathrm{cov}(X, \varepsilon)$，$E(X^2) = \mathrm{var}(X)$。[27]因此，方程 5.3 就变成：

$$\mathrm{cov}(X, Y) = [\beta\mathrm{var}(X)] + \mathrm{cov}(X, \varepsilon) \qquad [5.4]$$

进行变换得到：

$$\beta = \frac{\mathrm{cov}(X, Y) - \mathrm{cov}(X, \varepsilon)}{\mathrm{var}(X)} = \frac{\mathrm{cov}(X, Y)}{\mathrm{var}(X)} - \frac{\mathrm{cov}(X, \varepsilon)}{\mathrm{var}(X)}$$
$$[5.5]$$

这就说明，参数 β 是两个协方差的函数，即 X 和 Y 的协方差以及 X 和 ε 的协方差。如果我们以一般最小二乘法估计值 $\hat{\beta}^o$ 来估计 β，其中，

$$\hat{\beta}^o = \frac{S_{YX}}{S_X^2}$$

我们就会得到一个有偏的估计值。从本质上来说，β 的一般最小二乘法估计值只估计了 β 的"$\mathrm{cov}(X, Y)/\mathrm{var}(X)$"部分，而忽略了"$\mathrm{cov}(X, \varepsilon)/\mathrm{var}(X)$"部分。因此，作为 β 的一个估计值，$\hat{\beta}^o$ 偏离（真实值）的程度取决于方程 5.1 中解释变量与误差项的共变程度。

在本章中，我将介绍两种适用于非递归模型的有限信息估计方法：(1)间接最小二乘法(ILS)；(2)二阶段最小二乘法

(2SLS)。这些有限信息方法一次只能估计非递归模型中一个方程的参数，而且只根据这单个方程的限定条件来进行估计。ILS 和 2SLS 确实都是通过对 OLS[①] 回归这一最常用的有限信息方法的直接修改而形成的。另外，这两种方法如果运用得当，就可以获得非递归模型一致的参数估计值。

除有限信息方法之外，也存在几种适用于非递归模型的完全信息估计方法。这种方法利用所有方程的限定条件，对模型所有方程的参数同时进行估计。完全信息参数估计值的优点在于，它们比有限信息参数估计值更有效。[28]但另一方面，在社会科学的电脑统计包中，完全信息法并不像有限信息法那么普及，即使能得到，价格也昂贵得多。另外，除了这些实际的限制以外，相比有限信息估计值，完全信息估计值似乎对模型界定中存在的错误更为敏感，因为由于模型界定错误而导致的一个方程参数估计值的偏差会传递到模型所有其他方程的参数估计值中。正是因为这些原因，完全信息法在社会科学研究中运用很少，所以本书将只讨论有限信息方法。[29]

---

① 在下文中，为行文方便，将经常以 OLS 代替"一般最小二乘法"，以 ILS 代替"间接最小二乘法"，以 2SLS 代替"二阶段最小二乘法"。——译者注

第 1 节 | 间接最小二乘法和 适度辨识的方程

间接最小二乘法(ILS)是一种适用于非递归模型中的适度辨识方程的参数估计方法。该方法是对用简化式视角来检验模型可辨识性的直接延伸。为了弄清楚这一点,让我们重新来看图 2.4 所示的抗议事件暴力行为模型,该模型在第 2 章中已经用简化式视角进行了检验。在先前的分析中,我们首先把模型的结构方程组(方程 2.20 和方程 2.21)转化成简化式方程 2.25 和方程 2.26。然后,通过说明简化式参数(π_{13}、π_{14}、π_{23} 和 π_{24})能够确定方程 2.20 的结构参数 β_{12} 和 γ_{13} 的唯一解,我们证明了结构方程 2.20 是可辨识的。结构方程2.20的参数之所以能确定,是因为在假定简化式参数已知的前提下,通过方程 2.27 到方程 2.32 能得出如下解:

$$\beta_{12} = \pi_{14}/\pi_{24} \qquad [5.6]$$

$$\gamma_{13} = \pi_{13} - (\pi_{14}\pi_{23}/\pi_{24}) \qquad [5.7]$$

当然,在实际情况中,简化式参数不太可能是已知的,因此不能得到真正的结构参数。但我们看到,非递归模型的简化式方程总是可辨识的。进一步来说,根据模型的假定,简化式方程等号右侧的解释变量都是外生变量,而且与方程中的误差项不相关。因此，虽然我们无从得知简化式参数，但我们总能够运用 OLS 回归来获得简化式参数的无偏估计值。以抗议事件暴力行为模型为例，我们能获得简化式参数的 OLS 估计值 $\hat{\pi}_{12}$、$\hat{\pi}_{14}$、$\hat{\pi}_{23}$ 和 $\hat{\pi}_{24}$。把这些估计值代入方程 5.6 和方程 5.7，就得到：

$$\hat{\beta}_{12} = \hat{\pi}_{14} / \hat{\pi}_{24} \qquad [5.8]$$

$$\hat{\gamma}_{13} = \hat{\pi}_{13} - (\hat{\pi}_{14}\,\hat{\pi}_{23} / \hat{\pi}_{24}) \qquad [5.9]$$

最后，对方程等号右侧进行运算，就能得到结构参数 β_{12} 和 γ_{13} 的估计值。

上述步骤就是间接最小二乘法，因为它间接运用了一般最小二乘法来获得结构参数的估计值，故而得名。这一运算过程的一般步骤如下：第一，把非递归模型的结构方程转化为简化式；第二，运用 OLS 回归获得简化式参数的无偏估计值；第三，如果该模型中的某个结构方程是适度辨识的，那么就有可能把简化式参数的 OLS 估计值代入与方程 2.27 到方程 2.32 类似的方程中，求出结构方程参数的唯一估计值。

虽然简化式参数的 OLS 估计值是无偏的，但遗憾的是，ILS 最后得到的结构参数估计值并不是无偏的。这是因为结构参数估计值通常是简化式参数估计值的非线性转换，而无偏估计值的非线性转化值通常不是无偏的。对抗议事件暴力行为模型中方程 2.20 的 ILS 估计值就是这样的情况，因为方程 5.8 和方程 5.9 表明，要通过对简化式参数估计值进行乘法或除法运算，才能得到 $\hat{\beta}_{12}$ 和 $\hat{\gamma}_{13}$。虽然 ILS 估计值是有偏的，但它们至少是一致的。所以当样本量接近无穷大时，ILS 估计值就能达到真实值。然而，由于 ILS 估计值仅仅是一致而非无偏的,所以就凸显了大样本对精确估计的重要性,因为我们通常无法保证小样本产生的 ILS 估计值接近总体参数的真实值。

ILS 估计的优点在于其逻辑的简洁性。它是用简化式视角来检验模型可辨识性的自然延伸,因此很容易被理解。但除了最简单的非递归模型之外,对于所有其他实际研究的模型,简化式视角的运算实施非常困难。同样,ILS 在实际运用中也显得过于繁复。虽然 ILS 所需的对简化式方程的 OLS 回归分析在任何电脑统计包中都能找到,但这些统计包往往无法进行最后一步——求得结构参数估计值的运算。幸运的是,另一种估计方法,即二阶段最小二乘法能在一些统计包中找到,它能用于估计非递归模型中一个适度辨识方程的参数。另外,对于一个适度辨识的方程,2SLS 所产生的参数估计值与 ILS 的结果相等。

但前文从简化式视角对可辨识性问题的分析提醒我们,当用于估计一个过度辨识方程的参数时,ILS 会产生一个问题。我们来看图 2.5 所示的职业期望模型中的方程 2.34,该方程是过度辨识的。运用 ILS 的运算步骤,我们发现了估计 β_{21} 的两个不同表达式:

$$\hat{\beta}_{21}' = \hat{\pi}_{23} / \hat{\pi}_{13}$$

$$\hat{\beta}_{21}'' = \hat{\pi}_{24} / \hat{\pi}_{14}$$

这确实产生了一个常见的问题:当运用于一个过度辨识的方程时,ILS 会产生方程结构参数估计的多个表达式,并由于抽样误差的存在而导致对同一参数的不同估计值。然而,虽然我们得到了 β_{21} 的两个估计值($\hat{\beta}_{21}'$ 和 $\hat{\beta}_{21}''$),但它们是一致的。

因此,当样本量趋近于无穷大时,$\hat{\beta}'_{21}$ 和 $\hat{\beta}''_{21}$ 都接近参数 β_{21} 的真实值,因而 $\hat{\beta}'_{21}$ 和 $\hat{\beta}''_{21}$ 之间的差别可以忽略不计。当然,由于不存在无穷大的样本,我们依然必须面对一个过度辨识结构方程存在多个 ILS 估计值问题。显然,如果能够设计一个合理的程序,把这些估计值组合起来,我们应当会获得一个更好的结构参数估计值。从本质上来说,2SLS 就是这样一种方法。

第 2 节 | 二阶段最小二乘法

对 OLS 回归分析的不同修改,产生了另一个适用于非递归模型参数估计的有限信息方法。为了估计结构参数,该方法的第一步同样是估计模型简化式方程的参数。而与 ILS 不同的是,不管对于过度辨识还是适度辨识的方程,2SLS 都能产生唯一的参数估计。对于一个适度辨识的方程来说,2SLS 产生的参数估计与 ILS 产生的完全相同。更进一步来说,如果某非递归模型的所有方程都是适度辨识的,那么 2SLS 和 ILS 产生的估计就与利用完全信息方法产生的估计相同,但后者超出了本书的讨论范围。

为了展开讨论 2SLS 估计方法的步骤,我们将检验图 2.5 所示的职业期望模型中的结构方程 2.34。利用 ILS 来估计这一过度辨识的方程产生了多个参数估计值,我们需要解决这些估计值之间的差别,为每个参数(β_{21} 和 γ_{25})找出单一的估计值。

2SLS 的出发点是找出 OLS 回归不适合方程 2.34 的原因,而这个原因就是模型并未假定 X_1 与方程的误差项 ϵ_2 不相关。鉴于此,2SLS 就是想办法寻找一个近似于 X_1 的修正变量,但它与 ϵ_2 不相关,这样我们就可以用这个变量来代替方程 2.34 中的 X_1,并对修正后的方程使用 OLS。那么,应怎

样实践这一想法？正如其名字所提示的，2SLS 包含两个
阶段。

　　在第一阶段，运用 OLS 回归来估计 X_1 的简化式方程
2.37的参数。这一操作的另一表述就是，X_1 对模型所有外
生变量的回归，在这里就是 Z_3、Z_4 和 Z_5。这样就得到了方
程 2.37 的 OLS 简化式参数估计，分别命名为 $\hat{\pi}_{13}$、$\hat{\pi}_{14}$ 和
$\hat{\pi}_{15}$。接着，我们就可以运用这些估计值和下面这个方程：

$$\hat{X}_1 = \hat{\pi}_{13}Z_3 + \hat{\pi}_{14}Z_4 + \hat{\pi}_{15}Z_5 \qquad [5.10]$$

来构建一个新变量 $\hat{X}_1$，称之为"X_1 的工具变量"。$\hat{X}_1$ 有两
个重要特性：其一，它"近似"于 X_1。实际上，它是通过模型
外生变量的线性组合所获得的最近似于 X_1 的一个变量。
其二，$\hat{X}_1$ 与方程 2.34 的误差项 ε_2 不相关。因为模型假定
Z_3、Z_4、Z_5 与 ε_2 不相关，而 X_1 只是这三个变量的一个线性
组合。

　　在 2SLS 的第二阶段，我们以工具变量 $\hat{X}_1$ 代替方程2.34
中的 X_1，得到：

$$X_2 = \beta_{21}^t\hat{X}_1 + \gamma_{25}^t Z_5 + \varepsilon_2 \qquad [5.11]$$

我们以右上角的"t"来区别本方程与方程 2.34 中的参数。
既然已知 Z_5 和 $\hat{X}_1$ 都与 ε_2 不相关，我们就可以用 OLS 回归
来估计方程 5.11 的系数。这样得到的 $\hat{\beta}_{21}^t$ 和 $\hat{\gamma}_{25}^t$ 就是方程
2.34 的结构系数 β_{21} 和 γ_{25} 的 2SLS 估计值。在某种意义上，
$\hat{X}_1$ 作为一个工具，允许我们对原初结构方程进行参数
估计。

　　我们可以把上述程序概括为 2SLS 估计的基本步骤。
首先，用 OLS 回归分析估计模型每个简化式方程的参数。

在操作层面上,就是对模型的每个内生变量(X_1, X_2, …, X_m)分别进行对所有外生变量(Z_{m+1}, Z_{m+2}, …, Z_{m+k})的回归。换言之,就是对模型中每个被假定与误差项不相关的内生变量进行回归。然后,我们用得到的 OLS 参数估计和外生变量的相关数据来建构工具变量 $\hat{X}_1$, $\hat{X}_2$, …, $\hat{X}_m$,每个工具变量都被假定与模型中所有的误差项不相关。我们之所以在第一阶段的回归中将所有的(而非一些)外生变量都作为自变量,是因为我们要让建构出来的工具变量尽量与内生变量近似,而且这些新变量与误差项确实不相关。在第一阶段的回归中,被作为自变量的外生变量数目越多,工具变量与原初的内生变量就越近似。2SLS 的下一步是,把每一个结构方程中作为解释变量的内生变量 X_j 替换成相应的工具变量 $\hat{X}_j$。替换之后,修正模型中的每个解释变量都可被假定与模型误差项不相关。因此,正如我们在第一步中所做的那样,在 2SLS 的最后一步,我们就可以用 OLS 回归来估计修正后结构方程的参数,所得到的估计就是原初结构方程的 2SLS 估计。

2SLS 可用来估计非递归模型中的任何过度辨识方程的结构参数。而且,它也适用于适度辨识的方程,其估计与 ILS 产生的估计完全相同。因此,估计非递归模型系数的最常用的方法是对模型的所有方程运用 2SLS。

就像 ILS 一样,2SLS 产生的估计值虽可能是有偏的,但却是一致的。不幸的是,我们并不清楚这些估计在小样本中的特性。然而,来自蒙特卡罗模拟研究的一些证据表明,在小样本中,非递归模型参数的 2SLS 估计值比 OLS 估计值的偏差小(Namboodiri et al. , 1975:519)。但另一方面,2SLS

估计值似乎比 OLS 的参数估计值有更大的标准误(Nam-
boodiri et al.，1975:519)。2SLS 估计值的标准误的大小部
分地取决于第一阶段所建构的工具变量与所替代的内生变
量的相似程度。在其他条件都相同的情况下,工具变量与原
初内生变量的相关性越高,2SLS 产生的参数估计值的有效
性就越高。这再一次提醒我们,为了达到可辨识的目的而增
加与内生变量微弱相关的外生变量并无多大用处。从技术
上来讲,这样得到的修正模型可以被辨识,但如果 2SLS 所建
构的工具变量与模型的内生变量相关度很低,结构参数估计
值的标准误差就会很大,从而降低了我们对获得模型真实参
数的精确估计值的信心。

如上所述,2SLS 包含两个分别进行的 OLS 回归分析。
因此,任何电脑程序或统计包都能进行 2SLS 运算,只要它们
能储存回归后因变量的预测值并被用于下一个回归分析中
(如 SPSS-X 中的回归程序)。但是,2SLS 估计的运算实际上
并不一定要分为两个阶段来做,已经有人设计出了一个线性
代数公式可进行一步估计,还有一些常用的统计包(如 SAS
和 BMD)使用该公式来计算 2SLS 估计值。

除了运算方便之外,一步运算确实比两步运算更具优越
性。这两种 2SLS 方法都能产生相同且正确的非标准化的结
构参数估计值,但两步运算产生的标准化参数估计却可能是
不正确的。更精确地说,两步运算法所产生的外生变量的标
准化估计值是正确的,而且与一步运算法所产生的值一样。
但两步法所产生的内生变量的标准化参数估计会发生衰减,
也就是说,比一步法产生的估计值小。其估计值的衰减是因
为 2SLS 第一阶段所产生的工具变量的方差/变异比原初内

生变量的方差小。这一减小的方差导致了第二阶段中标准
化参数估计的衰减(Kritzer,1976)。

幸好克里策找到了几种方法来修正这一衰减。其一,可
以在进行两步回归之前对模型中的变量进行标准化。经过
这一初步的标准化,两步法得到的标准化参数估计就不会发
生衰减。其二,可以在两步法演算之后对工具变量参数估计
的衰减进行修正,方法是用参数估计值除以第一阶段中用以
建构工具变量的多个相关系数(R),但这些修正衰减的方法
只有在需要计算标准化参数估计时才用得到。两步运算法
会给出精确的 2SLS 非标准化参数估计,它不需要进行任何
修正。当然,布莱洛克(Blalock,1967)、阿肯(Achen,1977)
和其他一些研究者认为,只有在极少数的情况下才需要报告
标准化的参数估计。因此,在运用两步法来计算内生变量的
2SLS 参数估计时,避免衰减的最好办法就是计算非标准化
系数。

但运用一步线性代数计算公式来求 2SLS 的估计值之所
以更好,还存在另一个更重要的原因。虽然两步法可以产生
精确的非标准化参数估计(以及经过修正的标准化估计),但
却会产生不正确的标准误和多个 R^2 值。在为 2SLS 设计的
电脑程序和统计包中,标准误和 R^2 值都是在模型原初解释
变量观测值的基础上计算得出的。然而,当用两步法来进行
2SLS 估计时,第一步获得的用于参数估计的标准误和 R^2 值
是为第二阶段的 OLS 回归服务的。这些标准误是基于工具
变量(而非原初的解释变量)的观测值而计算得出的,因此就
不是 2SLS 最终参数估计值正确的标准误。因此,只要有可
能,研究者就应该用为 2SLS 设计的电脑程序或统计包来计

算 2SLS 参数估计值，这样就能产生正确的标准化和非标准化参数估计以及正确的标准误和 R^2 值。提供 2SLS 程序的最常用的统计软件包是 SAS(Statistical Analysis System)和 TSP(Time Series Processor)，其他软件包还包括 SHZAZM、B345 和 QUAIL。

第 3 节 | 二阶段最小二乘法和
多元共线性问题

　　我们看到,2SLS 适用于非递归模型中适度辨识和过度辨识方程的参数估计。或许有些读者仍然执着地认为,只要采取恰当的统计方法,不可辨识问题就可以被克服,因而他们也许会对一个不可辨识方程采用 2SLS 方法。但这一策略并不奏效。事实上,在有些(并非所有)情况下,由于多元共线性问题,2SLS 对于不可辨识方程将彻底失效。以图 2.4 所示的抗议事件暴力行为模型中的方程 2.21 为例,我们已证明该方程是不可辨识的。如果对方程 2.21 运用 2SLS 方法,我们首先要对方程的内生解释变量 X_1 进行模型外生变量 Z_3 和 Z_4 的回归以产生工具变量 $\hat{X}_1$。到这一步为止,一切都没问题。但在第二阶段,我们用 $\hat{X}_1$ 替代方程 2.21 中的 X_1,得到:

$$X_2 = \beta'_{21}\hat{X}_1 + \gamma'_{23}Z_3 + \gamma'_{24}Z_4 + \varepsilon_2 \qquad [5.12]$$

在这里,该方法就出问题了。由于工具变量 $\hat{X}_1$ 是 Z_3 和 Z_4 的线性组合,所以方程 5.12 具有完美的多元共线性特征。也就是说,如果对 $\hat{X}_1$ 进行 Z_3 和 Z_4 的回归,其 R^2 值将等于 1。当存在完美多元共线性时,OLS 回归就不能产生一组唯一的参数估计,只能得到无数组与已知数据相吻合的参数估计。[30]我们再次得到这样一个结论:对于不可辨识的方程,统计手段并不能带来有意义的参数估计。

将2SLS运用于可辨识的方程时,也会遇到不那么极端的多元共线性问题。这是因为与原初内生变量相比,第一阶段建构的工具变量与模型外生变量的相关性往往更高。以图2.5所示的职业期望模型的参数估计为例,由于$\hat{X}_1$是通过X_1对一组外生变量(包括Z_5)的回归建构出来的,所以$\hat{X}_1$与Z_5的相关程度肯定要高于X_1与Z_5的相关性(见方程5.11)。由于2SLS建构的每个工具变量都是模型所有外生变量的一个线性组合,所以一般来说,一个模型方程中包含的被作为解释的变量外生变量的比例越高,其2SLS估计产生多元共线性的可能就越大。

当2SLS估计出现很高的多元共线性问题时,要发现其存在并不困难。对检测方法的详细讨论已经超越了本书的范围,但可以在其他文献中找到比较好的处理方法(参见Lewis-Beck,1980:58—63;Hanushek & Jackson,1977:86—93)。运用2SLS时要牢记的一个要点是,仅仅检验结构方程原初解释变量之间的多元共线性是不够的。在很多情况下,虽然原初解释变量之间并不存在显著的多元共线性问题,但在涉及工具变量的第二阶段中,解释变量之间却存在很高的共线性。

要注意的是,即使存在较高的多元共线性,2SLS产生的参数依然是一致的。较高的多元共线性引发的主要后果是参数估计的标准误较大,因而导致参数估计的置信区间较宽(Hanushek & Jackson,1977:86—90)。克服高多元共线性的唯一理想办法是收集更多的数据,因为样本量的增加会减小参数估计的标准误,从而抵消多元共线性的影响。另一个处理多元共线性常用的策略是删除方程中引发该问题的变量。在 2SLS 中,往往是工具变量导致共线性问题,这就意味着要从结构方程的解释变量中删除一个或更多的内生变量,即等于假定相关的结构参数为 0。这很难说是一种理想的策略,因为这将使获得的模型无法正确界定其背后的理论,而且 2SLS 的估计也将不再一致。

最后,面对高多元共线性问题,有些学者推荐使用脊回归①来估计模型的参数(参见 Hoerl & Kennard,1970;Deegan,1975)。这一方法已经超出了本书的讨论范围。而且,如何在 2SLS 的最后一步运用脊回归而不是 OLS,我们还不清楚。[31]克里策(Kritzer,1976:89)对于多元共线性的问题进行了精彩的总结:"2SLS 的使用者需要对潜在的多元共线性问题保持敏感,因为一旦出现该问题,可供使用者选择的备用处理方法是有限的。"[32]

---

① 也译为"岭回归"。——译者注

第 4 节 | 职业和教育期望模型中的参数估计

为了说明 2SLS,我们将运用该方法来估计方程 4.1 到方程 4.4 的参数。在第 4 章中,我们已知该模型是可辨识的,其中方程 4.3 和方程 4.4 是适度辨识的,而方程 4.1 和方程 4.2 都是过度辨识的。因此,方程 4.3 和方程 4.4 的参数可以用 ILS 或 2SLS 来估计,但方程 4.1 和方程 4.2 只能运用 2SLS 来估计。然而,从计算角度来说,用电脑统计软件包来对所有方程的参数进行 2SLS 估计更简单。用于估计的数据最初是由邓肯等人(Duncan et al. , 1971)收集的,由对 329 名男性青少年的访谈和测试组成。[33]

对模型进行 2SLS 估计,首先要以模型中的四个内生变量(X_1、X_2、X_3 和 X_4)对所有的外生变量(Z_5、Z_6、Z_7 和 Z_8)进行回归,从而建构四个工具变量($\hat{X}_1$、$\hat{X}_2$、$\hat{X}_3$ 和 $\hat{X}_4$),然后用这些工具变量替代方程 4.1 到方程 4.4 中相应的内生解释变量,再用 OLS 回归来估计这些修正方程的参数。所得到的估计就是我们所寻求的 2SLS 估计值。但我们更倾向于使用专为 2SLS 设计的电脑程序,它能计算出四个参数估计的准确标准误差。

表 5.1 提供了模型的非标准化 2SLS 参数估计以及它们

的标准误。其对方程 4.1 至方程 4.4 也进行了 OLS 参数估计。虽然我们知道 OLS 并不适用于非递归模型，但在表 5.1 中包含这些估计只是为了显示 2SLS 和 OLS 估计的差别（在接下来的讨论中，OLS 估计值以角标"o"来标记，而 2SLS 则以角标"t"标记）。

表 5.1 职业和教育期望模型方程 4.1 至方程 4.4 的参数估计

解释变量	结构参数	非标准化参数估计值（括号中为标准误）	
		2SLS	OLS
方程 4.1			
X_2	β_{12}	0.40(0.10)	0.30(0.05)
Z_5	γ_{15}	0.65(0.12)	0.70(0.12)
Z_6	γ_{16}	0.35(0.12)	0.41(0.11)
方程 4.2			
X_1	β_{21}	0.34(0.12)	0.26(0.05)
Z_7	γ_{27}	0.35(0.12)	0.39(0.11)
Z_8	γ_{28}	0.82(0.13)	0.87(0.11)
方程 4.3			
X_1	β_{31}	0.19(0.70)	0.46(0.05)
X_4	β_{34}	0.20(0.30)	0.12(0.05)
Z_5	γ_{35}	0.50(0.26)	0.32(0.11)
Z_6	γ_{36}	0.53(0.26)	0.43(0.10)
方程 4.4			
X_2	β_{42}	0.77(1.23)	0.42(0.05)
X_3	β_{43}	0.11(0.40)	0.12(0.04)
Z_7	γ_{47}	0.17(0.51)	0.35(0.09)
Z_8	γ_{48}	0.14(1.04)	0.50(0.10)

我们注意到，对于期望模型中的某些参数来说，OLS 估计和 2SLS 估计在数值上区别不大。但对有些参数而言，区别却非常大。其中有三个参数的 2SLS 估计值比 OLS 估计值的一半还小：$\hat{\gamma}_{48}^t = 0.14$ 而 $\hat{\gamma}_{48}^o = 0.50$；$\hat{\beta}_{31}^t = 0.19$ 而

$\hat{\beta}_{31}^{\circ} = 0.46$；$\hat{\gamma}_{47}^{t} = 0.17$ 而 $\hat{\gamma}_{47}^{\circ} = 0.35$。因此,期望模型的统计结果表明,OLS 回归的结果与 2SLS 所产生的一致的参数估计结果差别很大。我们还注意到一个典型的模式,即2SLS 参数估计的标准误大于 OLS 参数估计的标准误。对期望模型的所有参数而言,2SLS 估计的标准误的确都大于或等于 OLS 估计的标准误。

如果从 OLS 估计转向更为合适的 2SLS 估计,我们可以得到这样的结论:从一种参数估计技术转向另一种技术时,如果结合不同的参数估计值和不同的标准误来看,研究解释将发生戏剧性的改变。比如,OLS 结果表明,朋友智力水平 (Z_8) 对其教育期望水平 (X_4) 的影响在统计上具有显著性,因为 $\hat{\gamma}_{48}^{\circ} = 0.50$,是标准误(0.10)的 5 倍。相反,2SLS 结果显示,朋友智力水平对其教育期望水平的影响($\hat{\gamma}_{48}^{t} = 0.14$)在规定的显著性水平上并不存在统计上的意义,实际上,2SLS 的估计值还不到其标准误(1.04)的 20％。

期望模型中某些方程较大的标准误值使我们有理由怀疑多元共线性问题的存在。最常用的检测多元共线性的方法是观察方程中所有自变量之间的二元相关系数。虽然高多元共线性总能表现在自变量之间的二元相关系数上,但一般来说,高共线性并不必然伴随着较高的二元相关系数。更好地检测方程中多元共线性的办法是检验一组多元相关,尤其是每个自变量对方程中所有其他自变量的回归方程的决定系数 R^2 值(参见 Lemieux, 1978)。我们可以用 R_j^2 来标记这些多元相关,即自变量(X_j 或 Z_j)对方程中所有其他自变量的回归方程的决定系数 R^2,而用 $\hat{R}_j^2$ 来标记在 2SLS 的第二阶段回归中,工具变量 $\hat{X}_j$ 对所有其他自变量的回归方程的

决定系数 R^2。

这一检测方法表明,当运用 2SLS 对方程 4.1 和方程 4.2 进行参数估计时,多元共线性并不表现为一个极端的数值。在方程 4.1 的第二阶段回归中,最大的 R_j^2 是 $\hat{R}_2^2 = 0.37$;对于方程 4.2,最大的 R_j^2 是 $\hat{R}_1^2 = 0.51$。另一方面,方程 4.3 和方程 4.4 参数估计的第二阶段回归则存在很高的多元共线性。对于方程 4.3,在 2SLS 的第二阶段回归中,当我们以工具变量 X_1 或 X_4 对解释变量进行回归时,得到的决定系数 R^2 值($\hat{R}_1^2$ 和 $\hat{R}_4^2$)超过了 0.98。较高的多元共线性主要是由于 2SLS 第二阶段方程中的工具变量($\hat{X}_1$ 和 $\hat{X}_4$)之间的高相关,$r_{\hat{X}_1 \hat{X}_4} = 0.87$。同样,在方程 4.4 的第二阶段回归中,以工具变量($\hat{X}_2$ 和 $\hat{X}_3$)对解释变量进行回归,也得到了大于 0.96 的 R^2 值($\hat{R}_2^2$ 和 $\hat{R}_3^2$)。

有意思的是,在上述两个方程 2SLS 第二阶段的回归中,充分展示了多元共线性问题并不存在于原初方程的解释变量之间。比如,与方程 4.3 参数估计的第二阶段回归中得到的 $\hat{R}_4^2$ 为 0.99 不同,以原初变量 X_4 对方程 4.3 中的其他变量进行回归,所得到的 R^2 值仅为 0.17。这就用实例证明了在运用 2SLS 时,仅对结构方程的原初解释变量进行多元共线性检验是不够的。即使在用工具变量替代原初变量之后出现高共线性问题时,原初变量间的多元共线性仍可能很低。

即使已经检测到 2SLS 估计存在多元共线性问题,在这个阶段的分析中,我们也很难解决这一问题。解决多元共线性最好的办法就是通过扩大样本量来增加所能获得的信息量。一个拥有 329 个个案的样本是一个相当小的样本,实质

性地增加样本量可以减轻多元共线性问题,使产生的 2SLS
参数估计的标准误变小。当然,对一个既定样本数据的操
作,使我们不可能增加其样本量。另一个可行的方法是从某
些结构方程中删除某些解释变量。无疑,从方程 4.3 中删除
X_1 或 X_4,或从方程 4.4 中删除 X_2 或 X_3,都能极大地降低
2SLS 估计中的多元共线性问题。但是,多元共线性的降低
是以削弱对期望模型的正确界定为代价的。删除这些变量
需要下列假定中的一个:(1)职业期望不是教育期望的原因;
(2)某人的教育期望并不受其同辈群体的影响。而这两个假
定都与经验分析所含的理论相违背。

考虑到这些限制,我们不得不接受这一事实,即现有的
数据并不足以获得我们确信能获得的方程 4.3 和方程 4.4
的参数估计。2SLS 第二阶段回归中存在的严重多元共线性
问题导致所获得的参数估计会在不同样本之间大幅度波动。
另一方面,在方程 4.1 和方程 4.2 的参数估计中,并未出现
较高的多元共线性。因此,尽管已有数据存在局限性,我们
依然能够获得职业期望模型中变量效应的有效估计值。也
就是说,我们有足够的证据来支持下列假设:某个男性青少
年的职业期望与其同伴的职业期望互为因果。

第 5 节 | 抗议事件暴力行为修正模型

作为运用 2SLS 的第二个例子，我们将对图 2.4 所示模型进行扩展，用克里策（Kritzer，1977）的原初模型来研究抗议事件中暴力行为的发生。该模型如图 5.1 所示，方程组表达式如下：

$$X_1 = \beta_{12}X_2 + \beta_{15}X_5 + \gamma_{19}Z_9 + \varepsilon_1 \qquad [5.13]$$

$$X_2 = \beta_{21}X_1 + \gamma_{23}Z_3 + \gamma_{24}Z_4 + \gamma_{26}Z_6 + \gamma_{27}Z_7 + \gamma_{28}Z_8 + \varepsilon_2$$
$$[5.14]$$

$$X_5 = \beta_{51}X_1 + \gamma_{53}Z_3 + \varepsilon_5 \qquad [5.15]$$

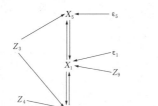

图 5.1 方程 5.13 至方程 5.15 所示的非递归模型的因果图示

X_1、X_2、Z_3 和 Z_4 如图 2.4 模型中的定义。但我们增加了一个内生变量 X_5 以表示抗议事件中的逮捕情况。克里策假设逮捕情况是影响抗议者暴力水平(X_1)的一个因素,但反过来,抗议者暴力水平也影响逮捕情况。另外,我们还增加了一些外生变量,在此有必要对其中一些加以说明。三个外生变量被认为对 X_2(警察的暴力水平)有直接作用:抗议者下流手势的使用情况(Z_6)、抗议者脏话的使用情况(Z_7)以及现场警察的种类和数量(Z_8)。最后,我们还加入了一个外生变量 Z_9(抗议者对非暴力的执行程度),它被假定对 X_1 有直接作用。

秩条件运算法结果表明,抗议事件暴力行为修正模型的方程 5.14 是适度辨识的,而方程 5.13 和方程 5.15 都是过度辨识的。[34] 因此,如果获得恰当的数据,我们就能运用 2SLS 获得模型参数的有意义的估计值。我利用的数据是克里策收集的,包含对 126 个抗议活动的观察。[35]

为了便于说明,我计算了标准化的参数估计,以表明 2SLS 估计既可以用非标准化形式,也可以用标准化形式。表 5.2 提供了 2SLS 估计和 OLS 估计。[36] 与先前的例子一样,一些 OLS 参数估计与更加适合的 2SLS 估计差别很大。差别最大的是对 β_{15} 的估计,2SLS 的估计是-0.45,而 OLS 的估计却恰恰相反,是 0.39。[37] 但 β_{12} 的两个估计值也存在本质差别,其中 $\hat{\beta}_{12}' = 1.54$,而 $\hat{\beta}_{12}^{\circ} = 0.36$。同样,2SLS 估计的标准误也依然大于 OLS 估计的标准误①,对于模型中的所有参数,2SLS 估计的标准误都大于或等于 OLS 估计的标准误。

---

①　原书该句为"the pattern of larger standard errors for OLS estimates than 2SLS estimates continues to hold",参照上下文,当为印刷错误,故更正。——译者注

表 5.2　抗议事件暴力行为模型方程 5.13 至方程 5.15 的参数估计

解释变量	结构参数	标准化参数估计值（括号中为标准误）	
		2SLS	OLS
方程 5.13			
X_2	β_{12}	1.54(0.51)	0.36(0.07)
X_5	β_{15}	−0.45(0.43)	0.39(0.07)
Z_9	γ_{19}	−0.05(0.13)	−0.18(0.07)
方程 5.14			
X_1	β_{21}	0.75(0.27)	0.41(0.08)
Z_3	γ_{23}	0.10(0.08)	0.13(0.07)
Z_4	γ_{24}	0.08(0.10)	0.14(0.08)
Z_6	γ_{26}	−0.01(0.13)	0.11(0.09)
Z_7	γ_{27}	−0.02(0.09)	0.03(0.08)
Z_8	γ_{28}	0.02(0.10)	0.09(0.08)
方程 5.15			
X_1	β_{51}	0.68(0.10)	0.54(0.06)
Z_3	γ_{53}	0.25(0.07)	0.29(0.07)

对 R_j^2 系数的检验表明，方程 5.15 中的共线性并没有严重到威胁参数的估计。由于在该方程中只有两个解释变量，第二阶段任一解释变量的 R_j^2 系数与 $\hat{X}_1$ 和 Z_3 之间的二元相关系数的 r^2 相等，为 0.16。

相反，较高的共线性问题则存在于方程 5.13 和方程 5.14参数估计的第二阶段回归中。对于方程 5.14，$\hat{R}_1^2 = 0.85$；对于方程 5.13，$\hat{R}_2^2 = 0.87$，$\hat{R}_5^2 = 0.85$。虽然这些 R_j^2 值并没有大到期望模型中某些方程所显示的 0.98 甚或更大，但其大小却足以引起我们的关注。最好的解决办法还是寻找一个样本量大于 126 的数据。次优的选择是删除模型中一个或多个内生变量。但要注意到，这在减弱多元共线性问题的同时，增加了模型界定错误，因而增加了 2SLS 估计中的额外误差。克里策权衡了利弊之后,决定从方程 5.13 中删除变量 X_5 并接受模型界定错误所带来的后果。删除 X_5 后,$\hat{\beta}'_{12}$ 从 1.54 降到了 1.05,而 $\hat{\gamma}'_{19}$ 在数值上有所增加,由 -0.05 变为 -0.08。$\hat{\beta}'_{12}$ 在数值上发生了较大的变化。确实,当从一个存在高共线性的方程中删除某个解释变量后,参数估计值发生实质性变化的情况并不少见(Lewis-Beck,1980:60)。

与克里策的选择不同,我不倾向于通过删除变量来解决多元共线性问题。我相信删除变量所导致的模型界定错误的后果往往比 2SLS 中存在的多元共线性问题更严重。我认为一个准确界定的模型更重要,其次才是对多元共线性进行检测,然后清晰地报告共线性的程度,而非有意去估计一个界定错误的模型。如果某些方程存在的多元共线性问题很严重,那么研究者在解释这些方程的估计系数的意义时就要格外小心,因为这些估计值在不同的样本之间存在大幅度的波动。幸运的是,这些方程参数估计的标准误的大小以及相关的显著性检验提供的信息告诉了我们在解释特定模型时需要谨慎的程度。从根本上来说,多元共线性是一个缺乏足够数据的问题。当数据不足又不能进一步获得数据时,我们必须接受已有数据会产生具有较大标准误的参数估计的事实,并在认识到其局限的同时,竭尽全力地从参数估计中搜集信息。

第**6**章

结　论

　　我们已经看到，虽然所有的递归模型都是可辨识的，但是递归模型所要求的严格假定（即模型是分层的、变量之间不存在互为因果的关系以及误差项之间互不相关）在很多社会科学研究中是不现实的。当递归模型的假定不能被满足时，我们就必须使用非递归模型。非递归模型不能保证其可辨识性，而且即使这类模型是可辨识的，适用于递归模型参数估计的 OLS 回归也不适用于非递归模型。对于非递归模型，OLS 参数估计值不仅有偏，而且不一致。值得庆幸的是，只要遵循模型误差项与所有外生变量不相关这一假定，很多非递归模型还是可以通过零限定来达到可辨识的。进一步来说，当某个非递归模型可辨识，而且拥有足够的数据，那么就能选择 OLS 回归以外的方法来产生一致的模型参数估计，2SLS 就是其中最常用的一种。

　　对大多数希望使用非递归模型的社会科学家来说，本书应当为所讨论的主题提供丰富的背景知识。但是，由于篇幅所限，本书无法一一介绍其他与非递归模型有关并应该引起重视的主题，而仅在全书即将结尾之际，罗列其中一些一般性的话题。

第 1 节 | **其他方程形式**

　　本书主要关注包含结构方程组形式的非递归模型,它们本质上都是线性和累加的。但就像回归模型可以加以修改,从而允许非线性(比如多项式和指数模型)和非累加或者相互作用的模型界定(比如乘法模型),非递归模型中的结构方程组也可以如此。对这些形式的讨论可参见以下文献:Tufte,1974:第 3 章;Hanushek & Jackson,1977:96—108。

第 2 节 | 滞后内生变量

一些被准确界定的社会科学理论会产生这样一种模型，其结构方程组中的一些解释变量是方程因变量的先前值，即滞后内生变量。举个例子，一些预算政治学模型把政府前一年的拨款作为一个影响当前拨款的解释变量。对本书所讨论的可辨识性检测和参数估计的方法稍作调整后，就能兼顾滞后内生变量。有关这一话题的简要讨论可见本书附录 1。

第 3 节 | **其他类型的可辨识性限定**

第 3 章讨论的运算法则和第 4 章讨论的把不可辨识的非递归模型修改成可辨识的模型的方法,在应用时存在局限性,它们用来获得模型可辨识性的限定仅有以下两种:(1)零限定,即假定模型中某些参数为 0;(2)假定模型中每个误差项都与所有外生变量不相关。虽然这两个限定在社会科学中最常用于辨识非递归模型,但还存在很多其他的限定可以使用。它们包括:(1)假定模型中的一对参数存在已知的比例关系;(2)已知模型中一些误差项的方差,或已知一对或多对误差项之间方差的比例关系;(3)假定模型中一对或多对误差项之间互不相关。附录 2 简要讨论了组群递归模型,该模型假定模型中某些误差项互不相关。有关辨识限定的更为详尽的讨论,请参见费希尔的研究(Fisher, 1966)。

第 4 节 ｜ 其他的估计方法

本书只提供了一种最适用于非递归模型的有限信息估计方法。另外，还存在几种完全信息估计方法。正如第 5 章提及的，这些完全信息方法通常能产生比有限信息方法更有效的估计值。因此，当多元共线性导致 2SLS 的参数估计存在较大标准误时，这些方法就显得格外有用。克赖斯特（Christ，1966）对这几种完全信息方法进行了详细的讨论。

第 5 节 ｜ 不可观测变量

　　本书假定非递归模型中的变量能够被一个样本观测到，而且没有测量误差。在很多情况下，这一假设是无法实现的。比如，研究者或许想检验一个理论，而该理论包含无法观测到的变量。以邓肯等人（Duncan et al. , 1977）认定已是相当完善的教育和职业期望模型为例，其中一个变量是青少年的抱负水平，但在当时的条件下，研究者是无法测量这个变量的。

　　在其他情况下，研究者或许能够测量一个理论中的所有变量，但其中一些很可能存在测量误差。这是因为社会科学理论中的很多变量都是抽象的概念，不能直接被观测到（比如，异化、社会经济地位和智力）。因此，当为了检验理论而测量这些变量时，我们被迫依赖这些概念的可观测指标。如果我们仅仅把这些指标代入多方程模型的方程之中，变量就会存在测量误差，这就打破了模型的假设，根据测量误差的不同类别，参数估计就可能有偏或不一致。一个更恰当的模型界定应该既包括不可观测的抽象概念，也包括可观测的指标，并且清晰地表述抽象概念之间、抽象概念和可观测指标之间的因果联系。

　　当一个多方程模型包含不可观测变量时，本书所讨论的方法则既不能用于检验其可辨识性，又不能用于估计其参数。但在某些情况下，这类模型是可辨识的[38]，此时，LISREL技术就可以用来进行参数估计。从某种意义上说，LISREL 是多指标模型的一个强有力的延伸，多指标模型是沙利文和费尔德曼(Sullivan & Feldman，1979)著作的主题。有关 LISREL 的精彩讨论(但需要读者具备线性代数知识)，可参见戈德伯格和邓肯(Goldberger & Duncan，1973)编写的一本书[尤其是其中约内斯科格(Jöreskog)的文章]以及朗(Long，1983)的专著。

附　录

附录 1 | 非递归模型中的滞后内生变量

　　在第 1 章中,我提到在本书中,"外生变量"这一概念被等同于前定变量来使用,因为社会科学中绝大多数的前定变量都是外生的。然而,在某些情况下,我们需要发展一个把滞后内生变量作为前定变量的模型。在这种情况下,本书所有关于外生变量的提法同样适用于滞后内生变量。值得一提的是,在运用第 3 章的运算法则时,滞后内生变量可以被当做外生变量来处理。

　　但是,并不是在所有的情况下滞后内生变量都可以被当做前定变量来处理的。比如,有一个包含一个结构方程的非递归模型,其中内生变量 $X_{i(t)}$ 作为因变量放在方程的左边[①],并且解释变量中包含滞后内生变量 $X_{i(t-1)}$:

$$X_{i(t)} = \gamma_{t,\,t-1} X_{i(t-1)} + (\sum_{j=2}^{k} \gamma_{ij} Z_j) + (\sum_{j=1}^{m} \beta_{ij} X_j) + \varepsilon_{i(t)}$$

[A1. 1]

为了把 $X_{i(t-1)}$ 恰当地处理成前定变量,我们必须假定方程

---

① 原文为"right-hand side",但根据上下文,应为"left-hand side"。——译者注

A1.1 中的误差项 $\varepsilon_{i(t)}$ 与 $X_{i(t-1)}$ 不相关。那么,这个假定意味着什么?

为了回答这一问题,我们来考虑把 $X_{i(t-1)}$ 作为因变量的这一"隐含"结构方程。假定产生 $X_{i(t-1)}$ 的流程与产生 $X_{i(t)}$ 的流程完全相同,该隐含结构方程就是:

$$X_{i(t-1)} = \gamma_{t-1,\,t-2} X_{i(t-2)} + (\sum_{j=2}^{k} \gamma_{ij} Z_j) + (\sum_{j=1}^{m} \beta_{ij} X_j) + \varepsilon_{i(t-1)}$$

[A1.2]

其中,误差项 $\varepsilon_{i(t-1)}$ 被假定反映了那些影响 $X_{i(t-1)}$ 但未被明确纳入模型的变量。我认为,$\varepsilon_{i(t)}$ 与 $X_{i(t-1)}$ 不相关的假设等同于 $\varepsilon_{i(t)}$ 和 $\varepsilon_{i(t-1)}$ 不相关的假设,前一个假设是我们把 $X_{i(t-1)}$ 处理成前定变量所必需的,后一个假设常被认为缺乏自动相关(参见 Ostrom, 1980)。为了证明这一等价关系,我们注意到,如果 $X_{i(t-1)}$ 和 $\varepsilon_{i(t)}$ 不相关,那么 $\varepsilon_{i(t)}$ 和 $\varepsilon_{i(t-1)}$ 也必然不相关,因为 $\varepsilon_{i(t)}$ 和 $\varepsilon_{i(t-1)}$ 之间非零相关,加上 $\varepsilon_{i(t-1)}$ 是 $X_{i(t-1)}$ 原因的假定,表明了 $\varepsilon_{i(t)}$ 和 $X_{i(t-1)}$ 之间非零的相关。另外,$\varepsilon_{i(t)}$ 和 $\varepsilon_{i(t-1)}$ 不相关也确保了 $\varepsilon_{i(t)}$ 和 $X_{i(t-1)}$ 之间不存在相关[①]。

因此,我们看到,为了使非递归模型中的一个滞后内生变量能够被合理地当做前定变量来处理,我们必须假定该内生变量的误差项不存在自相关,而且该变量的滞后值被纳入模型中。这等于假定由影响 $X_{i(t)}$ 的误差项 $\varepsilon_{i(t)}$ 组成的、变量与在前一时间段 $t-1$ 上影响 X_i 值的那些因素完全不相关。很显然,在很多实际情况中,这一假设是不合理的。如果这

[①] 原文为"it can be shown that a *nonzero* correlation between $\varepsilon_{i(t)}$ and $\varepsilon_{i(t-1)}$ ensures a lack of correlation between $\varepsilon_{i(t)}$ and $X_{i(t-1)}$",根据上文,此句应该是"it can be shown that a *zero* correlation between ...". ——译者注

一假设是不合理的，那么将模型中的滞后内生变量当做前定变量来处理就是不合适的。

当无法假定不存在自相关时，把模型中的一个滞后内生变量处理成内生变量就更为合理。当然，一般来说，把变量作为内生而非前定的变量会增加模型不可辨识的可能性。更进一步来说，即使模型是可辨识的，把滞后内生变量处理成严格的内生变量意味着，当运用2SLS来估计结构参数时，我们就不得不为这一滞后内生变量建构一个工具变量。这样做的后果是，在第二阶段会引发高共线性问题的几率大大增加。尽管把滞后内生变量处理成内生的而非前定变量的复杂性有所增加，但也不可以仅仅为了方便而把滞后内生变量处理成前定变量。只有研究者确信不存在自相关时，才能把滞后内生变量处理成前定变量。

附录 2 │ **组群递归模型**

在本书中,我把注意力仅仅放在遵循下列有关误差项假设的非递归模型上:(1)对于所有 i 和 j,都有 $\mathrm{cov}(\varepsilon_i, Z_j) = 0$,即模型中的每个误差项与所有外生变量都不相关;(2)对于所有 i,都有 $\mathrm{E}(\varepsilon_i) = 0$,即所有误差项的均值都为 0。如果研究者想对误差项进行一组更强的限定,即进一步假定某些误差项之间互不相关,那么第 3 章用来检验可辨识性的运算法则就不再适用,除非对其进行修改。

对于假定误差项互不相关的模型,一般来说,该运算法则已不再适用,但对其进行修改后,该法则还能处理一组通常被称为"组群递归"的模型。从某种意义上来说,组群递归模型兼具递归和非递归模型的特征。具体来说,组群递归模型中的某些结构方程能被归为一个"组群"(或子类),当同一组群内的变量互为因果关系时,组群之间也就存在严格的递归关系(单向因果关系和误差项互不相关)。

来看图 A2 所示的非递归模型,其方程表达式如下:

$$X_1 = \beta_{12}X_2 + \gamma_{15}Z_5 + \varepsilon_1 \qquad [A2.1]$$

$$X_2 = \beta_{21}X_1 + \gamma_{26}Z_6 + \varepsilon_2 \qquad [A2.2]$$

$$X_3 = \beta_{31}X_1 + \beta_{34}X_4 + \gamma_{35}Z_5 + \varepsilon_3 \qquad [A2.3]$$

$$X_4 = \beta_{42} X_2 + \beta_{43} X_3 + \gamma_{46} Z_6 + \varepsilon_4 \qquad [A2.4]$$

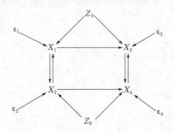

图 A2　方程 A2.1 至方程 A2.4 所示的非递归模型的因果图示

如果仅给定本书正文的假设，即对于所有的 i 和 j，都有 $E(\varepsilon_i Z_j) = 0$，对于所有的 i，都有 $E(X_i) = E(Z_j) = E(\varepsilon_i) = 0$，那么读者就可以用运算法则证明方程 A2.1 和 A2.2 是适度辨识的（在这两个方程中，$R = 3$ 且 $m = 4$），而方程 A2.3 和 A2.4 则是不可辨识的（在这两个方程中，$k_e < m_i - 1$）。但是，如果我们准备对模型中的误差项进行更强的假设，那么该模型就可以从概念化的角度被视为组群递归模型，从而可辨识。具体而言，如果我们额外假定 ε_3 与 ε_1、ε_2 都不相关，ε_4 与 ε_1、ε_2 都不相关，那么模型就变成了组群递归，其中结构方程 A2.1 和结构方程 A2.2，结构方程 A2.3 和结构方程 A2.4 分别组成了两个组群。在额外的假设之下，$X_1 - X_2$ 组群和 $X_3 - X_4$ 组群内部仍然存在互为因果关系，但因为 X_1 对于 X_3 以及 X_2 对于 X_4 来说是完全前定的，所以两个组群之间是递归关系。

　　本书中的运算法则经过修改之后就适用于组群递归模型。完全模型中的每一个组群都能被当做一个单独的模型来处理，并对该组群内部的方程实施运算法则而忽略所有组群外的方程。但是当依靠外生和内生变量来计算特定组群

中方程的 m、k、m_i 和 k_e 时,任何出现在组群内但是却由组群外的结构方程决定的内生变量(即任何没有出现在组群的内部方程左侧的内生变量)必须被当做外生变量来对待。这样,整个组群递归模型可辨识性的充分条件就是,运算法则显示模型每个组群内的所有方程在组群内部都是可辨识的。

运用这一修改后的运算法则,可以证明图 A2 所示的组群递归模型是可辨识的。具体来说,对于 X_1-X_2 组群中的两个方程(即方程 A2.1 和方程 A2.2),$m=k=2$,$R=1$,所以 $R=m-1$,因此两个方程在 X_1-X_2 组群内部都是可辨识的。对于 X_3-X_4 组群中的两个方程(即方程 A2.3 和方程 A2.4),$k=4$(因为 X_1 和 X_2 与 Z_5 和 Z_6 一起被当做外生变量),$m=2$(X_3 和 X_4 被当做内生变量),$R=1$,所以对于两个方程,都有 $R=m-1$,因此方程 A2.3 和方程 A2.4 在组群内部也是可辨识的。

我们再次看到了有关误差项的假设在决定一个模型是否可辨识方面的重要性。如果仅给出本书正文的那些假设,图 A2 所示的模型就是不可辨识的,但是如果设定了组群递归模型所需的假设,该模型就变成可辨识的了。因此,当我们假设模型中误差项不相关时,必须格外谨慎,除非在模型的现实情境中具有合理性,否则我们就不该作出这样的假设。

附录 3 | "期望"模型方程 4.1 至方程 4.4 的参数估计中使用的所有变量的标准差和二元积矩相关系数矩阵

	原初变量+								工具变量+			
	X_1	X_2	X_3	X_4	Z_5	Z_6	Z_7	Z_8	$\hat{X}_1$	$\hat{X}_2$	$\hat{X}_3$	$\hat{X}_4$
X_1	12.631											
X_2	0.422	12.591										
X_3	0.625	0.328	12.445									
X_4	0.327	0.640	0.367	12.125								
Z_5	0.411	0.260	0.404	0.290	5.333							
Z_6	0.324	0.279	0.405	0.305	0.222	5.463						
Z_7	0.293	0.361	0.241	0.411	0.186	0.271	5.603					
Z_8	0.300	0.501	0.286	0.519	0.336	0.230	0.295	5.381				
$\hat{X}_1$	0.514	0.471	0.521	0.517	0.800	0.631	0.570	0.584	6.490			
$\hat{X}_2$	0.428	0.565	0.416	0.604	0.460	0.494	0.639	0.886	0.833	7.115		
$\hat{X}_3$	0.502	0.441	0.533	0.482	0.758	0.760	0.452	0.536	0.977	0.781	6.636	
$\hat{X}_4$	0.438	0.564	0.425	0.606	0.479	0.504	0.678	0.858	0.865	0.998	0.797	7.342

注：+表示对角线上输入的是标准差，对角线之外输入的是相关系数，所有变量的均值为 0。

资料来源：原初变量的相关资料来自 Duncan et al.，1971：222；原初变量的标准差来自 Hanushek & Jackson，1977：280；工具变量由本书作者建构。

附录 4 | 抗议事件中暴力行为模型方程 5.13 至方程 5.15 的参数估计中使用的所有变量的二元积矩相关矩阵

	原初变量[+]									工具变量[+]	
	X_1	X_2	Z_3	Z_4	X_5	Z_6	Z_7	Z_8	Z_9	$\hat{X}_1$	$\hat{X}_2$
X_2	0.61										
Z_3	0.28	0.33									
Z_4	0.37	0.39	0.24								
X_5	0.62	0.51	0.44	0.56							
Z_6	0.52	0.42	0.27	0.16	0.29						
Z_7	0.39	0.29	0.09	0.11	0.17	0.44					
Z_8	−0.39	−0.30	−0.11	0.01	−0.26	−0.29	0.09				
Z_9	0.41	0.38	0.18	0.46	0.40	0.24	0.24	−0.03			
$\hat{X}_1$	0.70	0.60	0.40	0.53	0.58	0.74	0.56	−0.56	0.58		
$\hat{X}_2$	0.69	0.62	0.54	0.63	0.64	0.68	0.47	−0.58	0.61	0.98	
$\hat{X}_5$	0.58	0.57	0.63	0.80	0.70	0.42	0.24	−0.37	0.57	0.83	0.92

注：+表示所有变量的均值为 0，所有变量的标准差为 1。

资料来源：原初变量的相关资料来自 Kritzer，1977：638；工具变量由本书作者建构。

附录 5 ｜ 符号标记对照表

符号标记	意　义
$cov(X, Y)$	变量 X 和 Y 的总体协方差
$var(X)$	变量 X 的总体方差
S_{XY}	变量 X 和 Y 的样本协方差
S_X	变量 X 的样本方差
$E(X)$	变量 X 的期望值（即总体均值）
$\hat{X}$	X 的工具变量

注释

[1] 决定个人对选举中候选人偏好的因素的相关文献极其丰富。如读者有
意深入了解该领域，可参阅 Goldberg，1966；Jackson，1975；Page &
Jones，1979。

[2] 关于"因果关系"意义的讨论，可参阅 Asher，1983：8—13 或者 Blalock，
1969。

[3] 我将采用社会科学文献中最典型的称谓"因果图示"来指代变量之间因
果关系的假设。在这些图示中，从变量 X 到变量 Y 的箭头（$X{\rightarrow}Y$）表
示 X 是 Y 的原因。

[4] 一个无偏估计值或参数值是指这样一个数值，其均值等于该参数的真
实值，即如果 $E(\hat{\theta})=\theta$，那么 $\hat{\theta}$ 是 θ 的无偏估计。也可见注[27]。更
详细的讨论可参阅 Wonnacott & Wonnacott，1979：55—58。

[5] 我们在传统的统计学意义上使用"一致"这个词。概言之，如果样本数
量趋向无穷，$\hat{\theta}$ 的分布趋向所有概率集中于 θ 的分布，那么 $\hat{\theta}$ 就是 θ 的
一致性估计值。更详细的讨论参阅 Christ，1966：263—264。

[6] 有关一般最小二乘法回归分析的介绍，可参考 Lewis-Beck，1980。有
关递归因果模型的讨论，可参阅 Asher，1983：30—48 或 Duncan，
1975：第1—4章。

[7] 这是社会科学文献中对前定变量的一个传统定义，一个更精确的定义
是，前定变量与模型中所有误差项皆不相关。

[8] 当非递归模型中包含作为前定变量的滞后内生变量时，我们必须非常
谨慎。详细解释请参见附录1。

[9] 本书的讨论局限于线性叠加模型。对线性和叠加性的讨论参阅 Lewis-
Beck，1980。为了表述的简便，我忽略了结构方程中的常数项。但常
数项也可内含于方程1.2中，只要把其中一个外生变量（如 Z_1）的值设
为1。

[10] 如果我们同时假定方差齐性，即某递归模型中的误差项具有相同的方
差 $[\mathrm{VAR}(\varepsilon_i)=\sigma_i^2]$，高斯-马尔科夫法则就可以确保系数的估计值是
最优线性无偏估计值（BLUE），即在所有的线性无偏估计值中，该估计
值具有最小的方差（参见 Wonnacott & Wonnacott，1979：21—28）。

[11] 我们还假定模型中所有变量和误差项的均值为0，这仅仅是为了通过
调节变量的测量尺度的原点来简化方程的表征，以去除方程中的常
数项。

[12] 为了简化小麦市场模型的分析，我们一直假定 D_t 和 P_t 之间、S_t 和 P_t

之间的关系是决定性的,也就是说,每个 P_t 值都对应于唯一的 D_t 和 S_t 值。但我们也可以通过在方程 2.5 和方程 2.6 中加入误差项建立一个随机模型,这也更符合典型的社会科学研究:

$$Q_t = a_D + b_D P_t + \varepsilon_D$$

$$Q_t = a_S + b_S P_t + \varepsilon_S$$

然而如前所述,这个市场模型方程组依然是不可辨识的。如果这个模型是市场中供给和需求动力运作的真实写照,那么在一段时间内,对小麦出售量和价格的观察就会产生一组点数据,它们聚集在真实的供给和需求曲线交汇处周围,当两条曲线随机偏离它们的真实位置时,这些点就由每一时期误差项的大小决定:

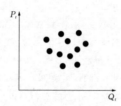

我们仅仅观察到这些点是不足以精确估计需求和供给曲线的参数的。

[13] 参考附录 2 的说明,但更详尽的说明请参阅 Fisher, 1966,费希尔讨论了产生方程可辨识性的其他假设限定种类。

[14] 不可否认的是,"最小限度充分"这一概念过于模糊。我将在"简化式视角"一节中专门讨论方程是适度辨识还是过度辨识的必要条件。

[15] 既然 $U = \varepsilon_1$,按照模型的原初假设,U 与 Z_3 就不相关。同样,既然 Z_3 被假定为与 ε_1 和 ε_2 都不相关,而 V 等于一个常数项(β_{21})与 ε_1 相乘再加上 ε_2,那么 Z_3 与 V 必然不相关。

[16] 这些有关线性组合的证明,请参阅 Christ, 1966:315—318; Goldberger, 1964:312—313。

[17] 然而,如果并非所有变量的均值为 0,那么方程中就存在常数项,但这些常数项在可辨识性检验时可以被忽略。

[18] 熟悉线性代数的读者可以在以下著作中找到更传统的(但也是等价的)对秩条件的介绍:Wonnacott & Wonnacott, 1979:第 18 章; Hanushek & Jackson, 1977:254—264。

[19] 如果结构方程包含常数项,那么在形成系统矩阵时,可以不考虑它们。

[20] 我知道从这一步开始,该运算法则中某些个别步骤背后的意图一点也

不清晰。但大多数读者并不需要了解每一步运算背后的详细逻辑。重要的是要记住,整体来看,运算法则的每一步都是在模拟一个多方程模型中被选方程的线性组合过程。

[21] 熟悉线性代数的读者会发现,所谓的"简单式"就是"行简化式",因为星号代表非零的数。

[22] 一个合理的平行假设是,受访者朋友的智力也是他们期望水平的原因。但这一假设与图 3.2 所示的模型不符,因为 $cov(\varepsilon_2, \varepsilon_4)$ 不再假定为 0 了。如果该假设为真,朋友的智力水平就成为导致误差项 ε_2 和 ε_4 相关的一个因素。

[23] 该模型由哈努谢克和杰克逊(Hanushek & Jackson, 1977)改编自邓肯等人的研究。

[24] 对于这一修正模型,$m = k = 4$。对于方程 4.1 和方程 4.2,$k_e = 2$,$m_i = 2$,且运算得出 $R = 3$,所以对于这两个方程,$R = m - 1$ 且 $k_e > m_i - 1$。对于方程 4.3 和方程 4.4,R 也等于 3,且 $k_e = 2$,但 $m_i = 3$。

[25] 该模型的 $m = 3$,$k = 5$。对于三个结构方程而言,$m_i = 3$ 且 $R = 2$。对于方程 4.6 和方程 4.7,$k_e = 3$,但对于方程 4.5,$k_e = 2$。

[26] 需要注意的是,给模型添加一个外生变量永远都不会使先前可辨识的方程变得不可辨识,但它可能会使一个适度辨识的方程变得过度辨识。

[27] 有关期望的含义,变量协方差与变量乘积的期望值等价以及变量方差与变量平方的期望值等价的证明,可参阅 Asher, 1983:附录 A。

[28] 当某个估计值的抽样分布的方差比其他估计值小时,这个估计值就被认为更有效。更具体的讨论参阅 Wonnacott & Wonnacott, 1979:58—60。

[29] 更详细的完全信息估计方法的讨论,可参阅 Christ, 1966。

[30] 有关完美多元共线性所带来的后果的详尽讨论,请参阅 Lewis-Beck, 1980:58。

[31] 有关处理高多元共线性其他方法的一般讨论,请参阅 Lewis-Beck, 1980:58—63。

[32] 有关 2SLS 中的多元共线性问题更为详细的讨论以及这一影响的几个说明,请参阅 Kritzer, 1976。

[33] 附录 3 提供了期望数据所有变量的标准差以及所有变量之间的相关。

[34] 该模型的 $m = 3$,而所有方程的 $R = 2$。方程 5.13 的 $k_e = 5$,$m_i = 3$;方程 5.14 的 $k_e = 1$,$m_i = 2$;方程 5.15 的 $k_e = 5$,$m_i = 2$。

[35] 抗议事件暴力行为模型中的变量的大多数指标都是由"事件问卷"中的几个项目来测量的(参见 Kritzer, 1977)。附录 4 提供了分析所用到的所有变量的相关矩阵。

[36] 本书的 2SLS 估计与克里策(Kritzer, 1977)所报告的估计值稍有不同，这可能是由复制克里策的分析所使用的相关矩阵中的化整误差造成的。

[37] 克里策(Kritzer, 1976:87)认为，系数 β_{15} 的一个负值是"荒谬的"，而我相信负值与威慑理论是吻合的(如 Gamson, 1975)，该理论认为逮捕行为将消解抗议者进一步的暴力行为。

[38] 可以预计，一个多方程模型是否存在不可观测变量，很大程度上取决于有关误差项的假定。

参考文献

Achen, C. H. (1977). "Measuring representation: perils of the correlation coefficient. " *American Journal of Political Science 4* :805—815.

Asher, H. B. (1983). *Causal Modeling*. Beverly Hills, CA: Sage.

Blalock, H. M. , Jr. (1969). *Theory Construction*. Englewood Cliffs, NJ: Prentice-Hall.

——(1976) "Causal inference, closed populations, and measures of association. " *American Political Science Review 61* :139—136.

Christ, C. F. (1966). *Econometric Models and Methods*. New York: John Wiley.

Deegan, J. (1975). "The process of political development: an illustrative use of a technique for regression in the presence of multicollinearity. " *Sociological Method and Research 3* :384—415.

——(1966) "Path analysis: sociological examples. " *American Journal of Sociology 72* :1—16.

——A. O. Haller, &. A. Porter(1971). "Peer influences on aspirations: a reinterpretation. " In H. M. Blalock, Jr. (ed.), *Causal Models in the Social Sciences*. Chicago: Aldine-Atherton.

Erikson, R. S. (1976). "The influence of newspaper endorsements in presidential elections. " *American Journal of Political Science 20* : 207—223.

Fisher, F. M. (1966). *The Identification Problem in Econometrics*. New York: McGraw-Hill.

Gamson, W. A. (1975). *The Strategy of Social Protest*. New York: Dorsey Press.

Goldberger, A. S. (1966). "Discerning a causal pattern among data on voting behavior. " *American Political Science Review 60* :913—922.

Goldberger, A. S. (1964). *Econometric Theory*. New York: John Wiley.

—— &. O. D. Duncan(eds.)(1973), *Structural Equation Models in the Social Sciences*. New York: Seminar Press.

Hanushek, E. A. &. J. E. Jackson(1977). *Statistical Methods for Social Sciences*. New York: Academic Press.

Hibbs, D. E. , Jr. (1973). *Mass Political Violence* : *A Cross-National Causal Analysis*. New York: John Wiley.

Hoerl, A. &. R. Kennard(1970). "Ridge regression: biased estimation for nonorthogonal problems." *Technometrics 12*:55—67.

Jackson, J. E. (1975) "Issues, party choices, and presidential votes." *American Journal of Political Science 19*:161—185.

Klein, L. R. (1962). *An Introduction to Econometrics*. Englewood Cliffs, NJ: Prentice-Hall.

Kritzer, H. M. (1977). "Political protest and political violence: a nonrecursive causal model." *Social Forces 55*:630—640.

——(1976). "Problems in the use of two stage least squares." *Political Methodology 3*:71—93.

Lank, K. C. (1971). "Significant others, the self-reflexive act and the attitude formation process: a reinterpretation." *American Sociological Review 36*:1085—1098.

——(1969). "Principles of path analysis." In E. F. Borgatta and G. W. Bohrnstedt (eds.), *Sociological Methodology*. San Francisco: Jossey-Bass.

Lemieux, P. (1978). "A note on the detection of multicollinearity." *American Journal of Political Science 22*:183—186.

Lewis-Beck, M. A. (1980). *Applied Regression: An Introduction*. Beverly Hills, CA: Sage.

Long, J. S. (1983). *Covariance Structural Models: An Introduction to LISREL*. Beverly Hills, CA: Sage.

Mason, R. &. A. N. Halter(1968). "The application of a system of simultaneous equations to an innovation diffusion model." *Social Forces 47*: 182—195.

Namboodiri, N. K. , L. E. Carter &. H. M. Blalock, Jr. (1975). *Applied Multivariate Analysis and Experimental Designs*. New York: McGraw-Hill.

Ostrom. C. W. (1980). *Time Series Analysis: Regression Techniques*. Beverly Hills, CA: Sage.

Page, B. &. C. Jones(1979). "Reciprocal effects of policy preferences, party loyalties and the vote." *American Political Science Review 73*: 1071—1089.

Sullivan, J. L. &. S. Feldman (1979). *Multiple Indicators: An Introduction*. Beverly Hills, CA: Sage.

Theil, H. (1971). *Principles of Econometrics*. New York: John Wiley.

Tufte, E. R. (1974). *Data Analysis for Politics and Policy*. Englewood Cliffs, NJ: Prentice-Hall.

Waite, L. J. & R. M. Stolzenberg(1976). "Intended childbearing and labor force participation among young women: insights from nonrecursive models." *American Sociological Review 41*:235—251.

Wonnacott, R. J. & T. H. Wonnacott(1979). *Econometrics*. New York: John Wiley.

译名对照表

a priori assumptions	先验假设
autocorrelation	自相关
bivariate product-moment correlation	二元积矩相关
block recursive models	组群递归模型
causal diagram	因果图示
collapsed matrix	收缩矩阵
consistent	一致性
disturbance term	干扰项
endogenous variable	内生变量
explanatory variable	解释变量
full information techniques	完全信息估计方法
Gauss-Markov theorem	高斯-马尔科夫法则
homoscedasticity	等方差性/方差齐性
identification	辨识
Indirect Least Square(ILS)	间接最小二乘法
linear additive model	线性叠加模型
instrumental variable	工具变量
lagged endogenous variable	滞后内生变量
limited information techniques	有限信息估计方法
misspecification	错误界定
Monte Carlo simulation studies	蒙特卡罗模拟研究
multicollinearity	多元共线性
multiequation model	多方程模型
multiple-indicator models	多指标模型
nonrecursive causal model	非递归因果模型
order condition	次序条件
Ordinary Least Squares(OLS)	一般最小二乘法
perfect multicollinearity	完美多元共线性
predetermined variable	前定变量
product-moment correlation coefficient	积矩相关系数
properly chosen infinite sample	恰当选择的无限大样本

rank condition	秩条件
reduced-form	简化式
ridge regression	脊回归/岭回归
rounding error	化整误差
simple form	简单式
simultaneous equation	同步方程
single-equation model	单方程模型
standard deviation	标准差
standard error	标准误
stochastic model	随机模型
system matrix	系统矩阵
the Best Linear Unbiased Estimators(BLUE)	最优线性无偏估计值
Two-stage Least Square(2SLS)	二阶段最小二乘法
unobserved variable	不可观测变量
zero-restrictions	零限定

图书在版编目(CIP)数据

非递归因果模型/(美)威廉·D.贝里著;洪岩璧，
陈陈译.—上海:格致出版社:上海人民出版社，
2022.10
(格致方法·定量研究系列)
ISBN 978 - 7 - 5432 - 3386 - 7

Ⅰ.①非…　Ⅱ.①威…②洪…③陈…　Ⅲ.①递归论
Ⅳ.①0141.3

中国版本图书馆 CIP 数据核字(2022)第 162640 号

责任编辑　顾　悦

格致方法·定量研究系列

非递归因果模型

[美]威廉·D. 贝里　著

洪岩璧　陈陈　译

出　　版　格致出版社
　　　　　上海人民出版社
　　　　　(201101　上海市闵行区号景路 159 弄 C 座)
发　　行　上海人民出版社发行中心
印　　刷　浙江临安曙光印务有限公司
开　　本　920×1168　1/32
印　　张　4.5
字　　数　87,000
版　　次　2022 年 10 月第 1 版
印　　次　2022 年 10 月第 1 次印刷
ISBN 978 - 7 - 5432 - 3386 - 7/C · 276

定　　价　35.00 元

Nonrecursive Causal Models

by William D. Berry

English language editions published by SAGE Publications of Thousand Oaks, London, New Delhi, Singapore and Washington D. C. , © 1984.

All rights reserved. No part of this book may be reproduced or utilized in any form or by any means, electronic or mechanical, including photocopying, recording, or by any information storage and retrieval system, without permission in writing from the publisher.

This simplified Chinese edition for the People's Republic of China is published by arrangement with SAGE Publications, Inc. &. TRUTH &. WISDOM PRESS 2022.

本书版权归 SAGE Publications 所有。由 SAGE Publications 授权翻译出版。

上海市版权局著作权合同登记号:图字 09-2009-549

格致方法·定量研究系列